青鸟新知

青鸟新知

守望雪山精灵

滇 金 丝 猴 科 考 手 记

江苏凤凰科学技术出版社 · 南京

龙勇诚 —— 著

图书在版编目（CIP）数据

守望雪山精灵：滇金丝猴科考手记 / 龙勇诚著 . —
南京：江苏凤凰科学技术出版社，2023.10
ISBN 978-7-5713-3587-8

Ⅰ . ①守… Ⅱ . ①龙… Ⅲ . ①金丝猴 – 科学考察 – 云
南 – 普及读物 Ⅳ . ① Q959.848-49

中国国家版本馆 CIP 数据核字 (2023) 第 098661 号

守望雪山精灵——滇金丝猴科考手记

著　　　者	龙勇诚	
策　　　划	傅　梅	
责 任 编 辑	汤碧莲	
责 任 校 对	仲　敏	
责 任 监 制	刘　钧	

出 版 发 行	江苏凤凰科学技术出版社
出版社地址	南京市湖南路 1 号 A 楼，邮编：210009
编 读 信 箱	skkjzx@163.com
照　　　排	江苏凤凰制版有限公司
印　　　刷	南京新洲印刷有限公司

开　　　本	718 mm×1 000 mm　1/16
印　　　张	13.75
插　　　页	4
字　　　数	260 000
版　　　次	2023 年 10 月第 1 版
印　　　次	2023 年 10 月第 1 次印刷

标 准 书 号	ISBN 978-7-5713-3587-8
定　　　价	68.00 元

Preface

序

　　光阴似箭、时光如梭，转眼之间，我与龙勇诚先生相处已经30余年了。那时我们都还年轻，都很想为祖国干出一番事业来。记得他当时的立志是："踏遍青山，找寻出天下所有的滇金丝猴自然种群，踏踏实实地开展其生物学规律研究，为保护和研究滇金丝猴这一中国特有的濒危珍稀动物而奋斗到永远！"现在看来，他的确是一位信守诺言的好同志。在过去的近40年间，他一直坚守着自己当初的那个誓言，始终不停地为滇金丝猴保护事业默默地努力着、奉献着。这些年来，他不求功名利禄，一心守望着那永恒的心愿：愿世间最像人类的生灵能尽快得到世人的垂青！让天地间最美丽的动物——滇金丝猴永存人间！

　　滇金丝猴是云南这一动物王国中最具代表性的动物之一，也是我们中国科学院昆明动物研究所的所徽图案原型。滇金丝猴这一物种自19世纪末被法国科学家发现后，近70年间没有任何相关报道。直到20世纪60年代初，才由我所老一辈科学家彭鸿绶先生再次发现其踪迹并加以证实。此后，自20世纪70年代末至今的几十年间，我所一直十分重视滇金丝猴的科研和保护实践，并为之投入了大量的人力、财力和物力。龙勇诚先生就是我所众多从事滇金丝猴科研和保护实践工作的科学家之一。他曾在我所工作了15年，在这期间，他将其个人学术生涯中最宝贵的10年奉献给了滇金丝猴。近年来，他的人事关系虽然已从我所转走，但他的滇金丝猴情结始终延续着，他一直试图通过争取各种国际和国内资助来支持中国的滇金丝猴保护事业。现在，他一方面与国内相关科研部门合作，系统地策划如何有序地开展滇金丝猴全境保护生物学研究；另一方面将最新科研成果运用在当地基层管理机构保护管理实践中。这充分体现了中国科学家的精神追求，也符合中国野生动物科研和保护管理实践的基本需求。

本书记载着龙勇诚先生过去几十年的奋斗历程和他个人对滇金丝猴的认知过程以及始终与之相伴的艰辛。我真诚地希望读者通过阅读本书，能够跟随龙勇诚先生的引领，走向滇藏雪域高原，去认知滇金丝猴的神奇与美妙。愿我们倍加珍视大自然的这一馈赠，给予它们真心的关怀和呵护，让它们得以永续生存繁衍，使它们赖以生活的家园魅力永驻，青春常在。

中国科学院院士、中国科学院

昆明动物研究所原所长

张亚平

Preface

自序

　　人生实在短暂。惊回首，自己竟然已是暮年！大学毕业的情景还历历在目，细细数来却已经过去40余年。记得那时我还是不到30岁的小伙，徘徊在校园中，内心跃跃欲试，早就想出去大干一番，实现人生价值，然脑中对校园外的世界一片茫然。

　　其实，我从未想到自己会变成今天这样。有年轻朋友曾问我如何规划人生，我的回答是"随缘"。这是因为我相信自己这一路走来，完全是冥冥之中的安排！

　　1978年，我终于有机会参加久违多年的全国高考，并以优异的成绩被录取到中山大学的动物学专业。虽然专业是我自己选的，但其实缘于一个误会。由于当时我的数理化成绩平均近90分，特别是物理达93分，我希望自己有机会进入当时的理科热门物理学专业。在填报志愿时，我看到中山大学招收动物学专业的学生，以为动物学是运动物理学的简写，填了这一专业，就这样误打误撞成了动物学专业的学生！今天听来，这简直是笑话，但我当年真的不知道动物学也属科学！

　　1982年，大学毕业时我有两个选择，去深圳或昆明。我想云南是世界著名的动物王国，当然应该选云南，于是被分配到中国科学院昆明动物研究所。那时，我是冲大象和孔雀而来云南，以为到云南可以容易地看到它们，但事实粉碎了我的幻想——不但在昆明看不到野外的大象和孔雀，即便两年后我到了西双版纳，那里的大象和孔雀也非常稀少，研究它们并非易事。不过，此行让我关注到那里的白颊长臂猿。当地村民和保护区工作人员对它们都很熟悉，亲切地称呼它们为"白胡子"。每群"白胡子"的活动范围都不是很大，仅1~2平方千米，且常在清晨高声歌唱，找它们不难。

后来，在1985年春天，机缘巧合让我又关注到雪域高原上的雪山精灵滇金丝猴。滇金丝猴的神秘、白马雪山自然保护区的凉爽和香格里拉人的热情吸引了我，再加上我在上大学之前曾有多年的知青经历，野外生存能力不是问题，于是我与雪山精灵一生的缘分由此开启。从那以后，时间如梭，过往种种竟只是弹指瞬间。正是，暮年回首望，方知人生皆缘是真。

入滇40载，所有梦想都开花，此生再无遗憾！看到雪山精灵滇金丝猴终于赢来世人怜爱的目光，其种群数量由千余增至近四千，关注它的人数较过去暴涨了千万倍，舒心快感油然而生。雪山精灵和熊猫一样是中国名片，保护它们是中国人的责任。有幸与之结缘并为之奋斗过，此生值！

谨以本书谢天下所有喜爱雪山精灵的人们！还要特别谢谢家中娇妻！是她辛苦多年帮撑，吾愿才得以实现！特别值得一提的是，我俩成家也是在1985年！一切皆缘！

龙勇诚

2023年4月17日

CONTENTS

目录

第一章

引子

　　1987 年，我只身到滇西北出差，一次就收购到 15 架完整的滇金丝猴骨架。由此，我意识到这一尚不为世人所知的中国特有绝世珍宝正在迅速消亡。强烈的责任心促使我决心独自走向原始森林，去找寻这世间最像人的生灵。

一·滇金丝猴——样子像人的动物

它长着一张世间最像人的脸，有着一副人的神情……这不就是天地间最像人的生灵吗？

若干年来，我们花费了大量的时间和精力在地球上的各个角落找寻"野人"，甚至到遥远的太空中去探索"外星人"的奥秘。在我看来，这些举动无非就是企图找出世间与人类最为相似的生命形式。

如果真是这样的话，滇金丝猴这一中国特有的濒危珍稀动物应该就是人们多年来要寻找的这种生灵，因为这世间恐怕再也找不出比它更像我们人类的动物了。

在此，我认为完全有必要先做一个申明，以免引起读者的误会或对读者产生误导。我说滇金丝猴最像人主要是指它有着一副与人最为相近的面容，而并非生物学家们所言及的系统进化上的意义。例如，我们说海豚像鱼，其实是指它在外形或模样上比较像鱼，而在系统进化上与鱼相去甚远。

一般猴子或其他非人灵长类动物的吻部都会向前突出，这就是人们所称的"毛脸雷公"相。而滇金丝猴的面部较平、无毛、呈肉色、白里透着红润，是最不具所谓"雷公脸"的猴子，也是世间所有动物中最为俊美

> 母子情深。（马晓锋摄）

的一张"脸"。在这张脸上，特别引人注目的是那美丽的红唇，简直就是许多现代女性梦寐以求的令人心动的红唇。

从动物进化角度来看，"脸面平"这一性状是由于大脑发达造成头额向前突出和很少直接用嘴取食造成吻部退化这两种原因所形成的典型的进化特征，即一个动物的面部越平，该动物的大脑就可能越发达，它就越少用嘴直接取食——人类就是最为典型的代表。

此外，从动物分类学角度来看，嘴唇是哺乳动物的共同特征之一（少数较为原始的物种，如鸭嘴兽等产自澳大利亚的原兽类动物除外）。这也就是说，在众多的动物中，只有哺乳动物才有嘴唇。这是大自然给咱们的一个暗示：哺乳动物的嘴

> "怎么了？"滇金丝猴个个都生性好奇。（任宝平摄）

唇是用来吮吸乳汁的，而不是像大多数人所想象的那样——嘴唇的主要功能是用于亲吻。在所有的哺乳动物中，这红嘴唇恐怕就是滇金丝猴与人类最为明显的共同特征之一了，只不过滇金丝猴的红唇更美、更艳。

滇金丝猴作为物种被人类正式命名和科学记载已经 120 多年了。1898 年，法国动物学家米尔恩·爱德华（Milne-Edwards）对这一物种进行了较为完整的科学描述，并正式按照 18 世纪最伟大的科学家之一——林奈所创立的双名命名法（即物种名由属名和种加词两个部分构成），将这一物种定名为 *Rhinopithecus bieti*。从此，这一物种便在地球上的物

种库有了自己的一席之地。

　　Rhinopithecus 是金丝猴属的属名，它又可分为 rhino 和 pithecus 两部分。rhino 是鼻子的意思，pithecus 是猴子的意思，它们合起来就是"鼻子猴"，或者说是"鼻子很有特色的猴子"。因为所有金丝猴属物种的共同特征就是其头骨上几乎消失的鼻梁骨，这样就形成了朝天鼻，故金丝猴属又称为仰鼻猴属，滇金丝猴又称为黑白仰鼻猴（其背部、头顶、四肢等处的毛色以黑色为主，腹部则以白色为主）。*bieti* 是种加词，它其实是当时在云南组织采集这些滇金丝猴标本的一个法国传教士彼尔特（Monseigneur Biet）的姓氏；用其姓氏作为这一物种名的种加词是为了纪念他发现这一物种所做出的贡献。其实，彼尔特在第一次采集到滇金丝猴标本时就记载过当地人称之为"黑白猴"。

　　以前，人们在采集哺乳动物标本时，只收集头骨和皮张，所以作为标本的鉴定者，是不可能像我们今天这样能直接看到动物活体或者完整的动物标本的，只能根据头骨和皮张的特点对动物的个体加以描述，因

＞　一只大公猴正在露齿示警。（西里尔·格吕特尔摄）

而也就不可能把整个活体动物的形象描述出来。一般而言，大多数人在没有亲眼目睹某一物种的风采之前，是不可能对这一动物产生特别情感的。在这一点上，我自己也是这样。

我第一次听到滇金丝猴这个名字是在 1982 年。

那时，我刚由中山大学生物系动物专业毕业，被分配到中国科学院昆明动物研究所工作。当时，我们学校同级植物专业的一位叫姬翔生的同学被分配在中国科学院昆明植物研究所。我是湖南人，第一次来到昆明，人地两生，很有一种孤独感；而他从小就生长在昆明，对昆明的一切都比较熟悉。因此，我一到昆明，未到单位报到，就先去找他聊天，想通过他大致了解云南的一些情况。

那天，他告诉我在云南这个动植物王国里，最重要的动物有大象、孔雀和滇金丝猴等。我当时对大象和孔雀是有感性认识的，它们是云南西双版纳最有影响力的动物。大凡人们提到云南这个动植物王国，就会

> 虽然滇金丝猴喜欢下地取食,但在不取食的时候主要还是待在树上,因为树上比地上安全得多。(任宝平摄)

言及西双版纳及那里的大象和孔雀。特别是大象,从小我就听过不少有关它的童话故事:它那有力的长鼻子能将凶猛的老虎和狮子卷到天上去,还能为主人搬运木料等。可听到滇金丝猴这个名字,我当时就和现在的大多数人一样,想象不出这种动物有什么特别的地方,认为这也不过就是猴子的一种罢了,根本没把它当成一回事,更没想到,后来自己竟与它结下了如此深厚的不解之缘……

二 · 与滇金丝猴结缘

> 一次偶然的机会，我选择了滇金丝猴。此后，我的一生便与之红绳相系，永远相依相伴。

那是 1987 年的下半年，当时中国科学院昆明动物研究所的领导把我由昆虫研究室调到灵长类研究室工作，但具体让我干什么还未确定。那时我们每个人的工作都必须服从上级安排，绝不可以由着自己的性子来。

一天下午，我收到一封德钦县科委主任俞润清寄来的信。未及拆开，我的心里就嘀咕开了：老俞会在信中说些什么呢？

老俞是两年前我在德钦县进行冬虫夏草人工培育研究工作时结交的一位好朋友，是一位藏族干部。他心地善良、为人实在，不管你有什么事情需要他帮忙，他都会尽最大努力而为之。当时，我曾经请他留意为我们研究所搜集一些滇金丝猴的骨架供解剖学研究用。难道他这么快就把这事给办妥了？

果然不出我所料，他在信中讲的就是这事。他告诉我：他在德钦县的街上购买到 12 副完整的滇金丝猴骨架。因骨架还比较新鲜，正在生蛆发臭，叫我尽快去他那里把这些骨架取回来。

得知这一消息，我马上兴冲冲地向我的"头儿"——当时的灵长类室主任彭燕彰研究员汇报了这一情况。

彭主任是位老研究员，曾担任我们研究所研究员评委会主任，主要从事灵长类解剖学研究，他正为滇金丝猴的标本太少而犯愁。一听这消息，他不禁喜出望外，当即对我说："小龙，你赶快去德钦，把这些标本取回来！越快越好！"

德钦，藏语意为"极乐太平"，是云南省迪庆藏族自治州最北的一个县，北靠西藏的芒康县，西连西藏的左贡县、察隅县及云南的贡山独龙族怒族自治县，南接云南的维西傈僳族自治县，东临云南的香格里拉市及四川的巴塘县和得荣县。从昆明到德钦虽说只有不到900千米，但在当时我们必须乘4天汽车才能到达。

离开昆明的第四天下午，我所乘坐的公共汽车刚过距德钦10多千米的一个小村庄。一转弯，就远远地看见坐落在一条大山沟里的德钦县城。县城周围三面环绕高山，山上的植被长得很不好，远远望去，几乎都是光秃秃的；另一面是一条人沟，蜿蜒曲折，流向澜沧江干流。这种景象，很容易让人联想到《智取威虎山》里的"夹皮沟"。

所有第一次来德钦的人，对它的第一印象都从这里开始，总以为在这里生活会很不安全，每当雨季来临，就会担心发生滑坡和泥石流。我清楚地记得1985年夏天，我第一次到德钦县出差时正遇上雨季，当时我的这种心情就特别明显，随时都处在一种提心吊胆的状态。记得有一天，我独自一人待在县招待所的一间屋内，天上正下着倾盆大雨。突然，从德钦西山上传来一阵山崩地裂的巨大响声。我当时想：可能要垮山了。我

> 一边享用美食，一边欣赏风光。（龙勇诚摄）

在招待所里新结识的一位来德钦出差的迪庆州计划委员会的李副主任也对我说："老龙，我们要密切注视那边山沟的情况。如果泥石流下来了，我们就得赶快爬上侧面这座山的山梁，逃命要紧。"

眼下的我对这种情景一点也不在乎，心里所牵挂的只是自己的主要任务——取回我们研究所急需的滇金丝猴骨架。

当我到达德钦时，已是下午5点半了。我一下车就直奔老俞家，见到老俞的第一句话就是："快带我去看猴骨。"其实，这是因为我在路上一直担心老俞是否会搞错，把别的猴骨当成滇金丝猴骨了。在我的印象中，滇金丝猴是很少的，我们研究所长期在野外搞兽类研究的人员也只有那么一两次机会遇上滇金丝猴群，怎么老俞一次就收购到12副这种珍稀动物的骨架呢？

老俞马上领我到他的办公室。一见到头骨上那滇金丝猴的典型特征——几乎消失的鼻梁骨，我悬着的心才放了下来。

我俩一道处理完那12副猴骨架后，我才独自回到县招待所安顿下来。

躺在床上，我转念又想：猴骨是一种较为普通的中药①，可能这里的药材公司也会收购到各种猴骨。既然我从遥远的昆明专程到这里取猴骨，干脆趁此机会到德钦县药材公司仓库转一下，也许在那里还能再找到一些滇金丝猴的骨架。

第二天一早，我就步行来到离县城 3000 米的药材仓库。这所偏僻的仓库只有两名管理员，我一说明来意，他们都很热心，立即把库存的所有兽骨都搬了出来，让我慢慢仔细查找。果然，我又从中找出了 3 副完整的滇金丝猴骨。

回到招待所，我又去县木工厂定做了一个可以装下 15 副猴骨架的木箱，心中别提有多高兴了。

可是，在回昆明的一路上，不知咋的，我的心情反而越发沉重。

滇金丝猴是我国特有的世界级濒危珍稀动物之一。早在 20 世纪 70 年代国家第一次公布保护动物名单时，它就被列为国家一类保护动物。经过 10 多年的保护，我却一次就如此轻而易举地得到了这么多副完整的滇金丝猴骨架，这种现象正常吗？特别是老俞为我们收购的那 12 副猴骨架，显然全部都是当地村民围猎的战利品。可见此类围猎活动在当地各村是多么频繁！此外，在这次围猎活动中，光打死的滇金丝猴就有十几只，那还会有多少只在这次围猎中中弹受伤？这些可怜的滇金丝猴当然不会像我们人类那样会疗伤，它们当中也没有谁会行医，许多受伤的个体虽能暂时逃离人的追捕，但由此造成的残疾必定会影响它们以后的生活能力，也许有的还会因伤

> 这只母猴丝毫不在乎漫天的大雪。（余忠华、龙勇诚摄）

---

① 如今收购、出售国家保护野生动物制品的行为已构成犯罪。

口感染而死亡。一个猴群只要受到几次这样的围猎，就会从这个世界上完全消失。既然滇金丝猴是国家一类保护动物，那为什么像这样的围猎活动却没有人管呢？谁应对此负责呢？这一切说明：滇金丝猴的保护工作还远没有真正落到实处。

发布告示和列出保护动物名单历来就是我国野生动物保护的主要手段之一，但这种做法的效果究竟如何？是否

> 幼猴正在享受母猴为它理毛的时刻。（龙勇诚摄）

有人对此做过评估？我个人以为：这样做的成效是十分有限的。如果单凭这一举措就真能奏效的话，我敢肯定那一定是"天方夜谭"。

事实上，我们这些专门从事野生动物调查的科研人员对此也有不可推卸的责任，因为国家有关行政和立法机关所得到的信息都来自我们这些科研人员。我们的工作粗糙，国家有关部门所制定出的保护措施当然也就粗糙，因此我们有责任和义务帮助国家搞清这些濒危动物具体的分布地点及其数量分布情况。只有当我们的工作做到了这一步，政府相关部门才可能有针对性地拿出具体的保护方案。当然，我们科学家的这种工作热情也需要得到各级主管部门的支持、帮助和保护，双管齐下才能取得有效的成果。

一回到昆明，我马上向领导提出进一步调查滇金丝猴地理分布和种群数量的课题，当即得到领导的认可。

后来实践证明：我当时对完成这一课题所面临的困难是考虑不足的，

根本没有想到这个工作竟然如此耗费时间和经费。好在我承担这一课题以后，得到了云南省自然科学基金和世界自然基金会的资助，它也成为了中国科学院"八五"重大项目的一个三级子课题。这一课题经过十年才得以完成，我实现了自己的愿望——把滇金丝猴所有的 20 个现在生活着的（以下简称：现生）群体的具体地理位置（经纬度）及其大致数量都摸清了。对分布和数量能了解到这个程度的物种在中国是很少的——就是在世界范围内，工作能做到这种深度的亦不多见。

> 　与肖林（左一）、柯瑞戈（右二）、忠泰次里（右一）在白马雪山进行滇金丝猴野外考察。（奚志农摄）

　　在我调查滇金丝猴的工作经历中，有几位朋友让我毕生难忘。他们是白马雪山自然保护区管理局的忠泰次里、昂翁次称、董德福等。实际上，有关滇金丝猴的许多调查工作是我们共同完成的。在长期的野外工作中，我们是战友，是同伴，也是挚友。滇金丝猴的调查工作把我们联系在一起，大家是一个不可分割的整体。正是我们的共同努力与奉献，才最终完成了这一极为艰巨的课题。

　　从那以后，我人生的唯一心愿就是希望我们所发现的这些滇金丝猴

> 与昂翁次称（左）在白马雪山进行滇金丝猴野外考察。（迪安·坎农摄）

群都能够永远生存繁衍下去。可惜的是，我的这一心愿永远也不可能实现了，因为现在已经有 3 个猴群从地球上彻底消失了。我衷心地希望这种事情从此不再发生，也希望在不久的将来，能有更多的人来关注滇金丝猴这种珍稀物种。

其实，滇金丝猴早就应该得到全社会更多的关注。人世间，大多数人最关心的往往是自己的子女。究其原因，其中最重要的一条可能是他们的后代才是世上最像他们自己的人。只要我们仔细审视一下滇金丝猴的面容就不难发现，它们可能是世间最像我们人类的生灵。单凭这一点，人类就应该给予它们更多的关注与爱！云南是世界知名的动物王国，滇金丝猴就是这一动物王国里的一颗明珠。

绝大多数现生灵长类动物都生活在被人们称为动植物王国的热带雨林之中。那里气候温暖、食物丰富，大自然为它们的生存提供了优越的栖息环境。因此不论是普通百姓还是专家学者，一提到灵长类，总是把注意力放在四季常绿的热带雨林上。可是，在我国滇藏交界处的雪山峻岭之巅的高寒森林中，生活着一种罕为人知的珍稀灵长类动物，这就是我国特有的世界级珍奇——滇金丝猴。

第二章

寻找最南端的滇金丝猴群

命运之神这次似乎对我特别关照，我只用了不到 3 个星期，就找到了地理分布最南端的滇金丝猴群。其实，当我踏上此次寻觅之旅时，心中并无明确的方向，究竟要到哪里去自己也不清楚。

一 · 探寻线索

"一种鼻孔朝天的猴子，它们从来不偷吃庄稼，捕猴队也从来不要它们。"那就是我要找的宝贝。

连续坐了两天的长途汽车，虽然有些疲惫，但在我的滇金丝猴寻觅之旅中，这是最短的一次行程：头天早上才从昆明客运站搭乘上长途汽车，第二天下午就到了目的地——大理白族自治州的云龙县。

这是位于大理州西北角的一个小县，坐落在澜沧江边。澜沧江由北向南纵贯其中，把全县分成东、西两个部分。江东属云岭山脉，江西则属怒山山脉。受河流强烈切割作用的影响，全县境内山势磅礴，地形起伏剧烈，相对高差达 3000 米，是滇西北地区的典型山区县之一。其县城石门镇离昆明大约 574 千米，现在这段距离坐汽车只需几小时，可那时还是 1988 年的 5 月，我乘坐的那部客车第一天整整跑了 13 个小时才到大理，第二天又从清晨 7 点半跑到下午 6 点才驶入云龙县城。

我的这次云龙之行，主要是想在这一带找出滇金丝猴的最南分布地区。云南省林业调查规划院曾于 20 世纪 80 年代初在这里收集到两张猴皮，经昆明动物研究所的专家鉴定证实属于滇金丝猴。后来，云龙县便成立了天池自然保护区。据说，保护这里的滇金丝猴也是成立这一保护区的重要原因之一。所以，我到云龙来有两个目的：一是调查天池保护区内究竟有没有滇金丝猴；二是弄清这个县境内有没有滇金丝猴以及它们到底分布在哪里。

到达云龙后，我先到当时的县林业局汇报我的来意。林业局的同志对我的到来表示欢迎，并对我说："有的人说我们县有滇金丝猴分布，有的人又说没有。你是专家，那么就请你来判断吧！"

一听这话，我的心就凉了半截。原本我是希望县林业局有熟悉情况的人，我可以请他带着我上山去找寻滇金丝猴。这么看来，要从县林业局里找线索是不可能的了。而且，天池保护区内大概也不会有滇金丝猴，因为滇金丝猴的主要生境是云冷杉林，而天池保护区内主要生长着云南松林，保护那里的天然云南松林是建立天池自然保护区的主要原因。既然这里没有任何人能够帮得上忙，那一切都得靠自己了。

第二天，我就到了自己选定的目标——师井村。师井村因明末在此开盐井时曾从井中挖出一石狮子而得名，后地名逐渐演变为"师井"。师井村位于云龙县江东地区的北部，与怒江傈僳族自治州兰坪白族普米族自治县的兔峨乡相邻。全村有2000多人，由白族、傈僳族、彝族、汉族等民族组成，以白族为主，约占总人口的80%。

因为当时的师井还没有旅馆，我只好到师井村公所求助。村公所的干部都是朴实的当地人，我向他们说明情况后，他们都能理解我的难处，让我就住在村公所里，并与他们一道就餐，很快我们就熟悉了。可是，当我向他们打听滇金丝猴时，他们一脸茫然，不知道那是一种什么样的动物。他们告诉我，这地方只有一种猴子，身体基本是黄色的。这话就好像一瓢凉水把我从头浇到脚。这个村是我认为在全云龙县境内最有希望找到滇金丝猴的地方——云龙县只有这一带存在着大片的原始云冷杉林，这是滇金丝猴存在的最明显的标志。

> 滇金丝猴相互间常会比拼爬上危险的树梢的生存能力，青少年猴之间尤为风行。（任宝平摄）

> 父子情深。(任宝平摄)

　　可是眼下，连村公所的人都不知道滇金丝猴是什么东西，那我的云龙之行不就很可能是"竹篮打水一场空"了吗? 当然，如果要自己安慰自己的话，我在这里没找到滇金丝猴群，这本身也是一种考察结果——证明云龙县境内没有滇金丝猴分布，但这终究不是我在离开昆明时的预期结果。再说，如果是那样的话，那么我还得继续向北去找寻分布在最南端的滇金丝猴群，因为云龙县以南的地区已基本没有原始云冷杉林了。

　　话虽如此，但我还是不死心。我决定先在师井村住下来，多找几位当地老乡打听一下再做决定。

　　说来也巧，第二天正好是师井的"街子天"①。这天，师井街上挤满了熙熙攘攘前来赶街的山里人。这可是个打听消息的好机会，千万不能

---

① 乡镇上赶集的日子。

把它轻易放过去。于是，我请村公所的干部为我找几个当地喜欢钻山打猎的人了解情况。

我的运气还真好！不一会儿，热心的村干部们就为我找来了好几位从附近山里来赶集的村民。他们都来自一个叫做老贵老母的山村，对山上的情况当然比村公所周围的人要熟悉得多。当我向他们打听这里有几种猴子时，他们告诉我山上有两种猴子：一种是毛色发黄的猴子，爱偷吃庄稼，是外地来的捕猴队想要抓的猴子；另一种是鼻孔朝天的猴子，从来不偷吃庄稼，捕猴队也从不要这种猴子。

听完他们的介绍，我不禁暗自欢喜。他们描述的这种有着朝天鼻孔且从来不偷吃庄稼的猴子就是滇金丝猴，于是我决定当天下午就跟着他们前往老贵老母村探个究竟。

滇金丝猴（*Rhinopithecus bieti*），又名黑白仰鼻猴、黑金丝猴、云南仰鼻猴、黑仰鼻猴，是无颊囊的旧大陆灵长类动物之一，属灵长目（Primates）、猴科（Cercopithecidae）、疣猴亚科（Colobinae）、金丝猴属或仰鼻猴属（*Rhinopithecus*）。

二 · 傈僳人家奇遇

我大老远地跑到山里来，不是为自己或帮别人找媳妇的，而是专门来此找寻一种很特殊的猴子的。

老贵老母村地处师井村北部，是一个在半山上的傈僳族自然村，也是师井村公所下辖的一个自然村，离村公所有十来千米，需步行两个多小时。全村只有不到 30 户人家、150 多人，全部散布在一面山坡上，东一户、西一户，住得很分散。从村的这一头走到另一头，至少也要半个多小时。

> 做鬼脸的幼猴。（龙勇诚摄）

　　进村以后，带我来的人告诉我，如果要具体打听猴子的事，得去找一位叫蔡沙发的老猎手。我顺着他们指给我的路，很快就找到了老蔡的家。进得家门一看，老蔡还未回来，家中只有他的妻子和三个孩子。他们都听不懂我的话，但对我这个不速之客还是比较友好的。他们把我让进家门并端来茶水。

　　老蔡的家只是一个简单的平房，屋内十分简陋，家具很少，都是些每天必用的东西。屋内大厅的一端是一个地火炉，炉上支着一个铁三角，上面放着一口大铁锅。火炉边还摆着一个久经烟熏火燎的大口缸，这是用来烧茶的；旁边的一个无门木柜里还放着少量的碗、筷。这些都是每个傈僳族家庭必备的东西，只不过有的人家富裕些，东西就多一些；穷的人家，东西就少一些。如果锅少，生活就不太方便。比如，你要把猪潲①先煮好，再将锅洗净，这才能用它来做饭。在后来的滇金丝猴野外考察历程中，我还真的遇到过好些全家只有一口锅的傈僳族家庭。

过了一会儿，他家来了许多年轻女人。她们有些羞怯地向我张望着，还不时地在说着什么。我此时就像一个"外国人"，完全听不懂她们在议论什么。我估计，无非是因为我是外地人，她们有一种好奇感吧！反正我一个大男人，也用不着害羞，就端坐在那里，让这些女人们品个够吧！

黄昏时分，老蔡回来了。他年近四十，瘦小的个头，十分精干，汉语说得很流利。后来我才知道，他年轻时曾在部队待过好几年。

他这一来，才解开许多女人到他家看我之谜。原来，近几年常有外省人到山里来找媳妇，而这些女子以为我也是来找媳妇的，于是都跑到我的面前来探探情况。

弄清是这回事后，我笑着对老蔡说："请你告诉她们，我让她们失望了，因为我不是来为自己或帮别人找媳妇的，而是专门来此找寻这山里一种很特殊的猴子的。"

> 滇金丝猴是现生灵长类动物中极为引人注目的一个类群，它在系统发育上处于旧大陆猴与猿之间的特殊分类地位。对滇金丝猴的研究对于人们认识和了解人类自身的进化历程有着特别重要的意义，因而具有极高的学术研究价值。

---

① 猪食。

三 · 36 具滇金丝猴尸体

仅一次围猎活动，林中就留下了 36 具滇金丝猴尸体。这样下去，"红唇一族"还能有活路吗？可这又是谁之过呢？

这些女人走了以后，我才正式向老蔡打听有关滇金丝猴的事。跟他谈了一会儿，我就认定他的确是见过滇金丝猴的人。

老蔡问我："据我多年来的了解，在整个云龙县境内，只有我们村后的龙马山一带才有这种猴子。你怎会如此准确地找到这里来呢？"我没把实话告诉他，故意说："我能掐会算，算到这山上有这种猴子，于是就从昆明专程来此寻找。请你一定要陪我上龙马山，把这群猴找到。"

> 被过度采伐的龙马山。（龙勇诚摄）

这当然是一句玩笑话。我在离开昆明之前确实做了一些准备，先查看了云龙县的地形图，从图上大致了解了该县的植被分布状况。因为根据以前的资料和自己在野外的一些调查经验，滇金丝猴总是分布在海拔较高的有大片原始云冷杉林的地区。而在云龙县，只有检槽乡师井村后的龙马山一带和澜沧江以西的地区有大片的云冷杉林分布。根据当时我所了解的线索，澜沧江以西的地区从未发现过滇金丝猴，而那边的原始云冷杉林远比澜沧江东带多得多，所以我判断滇金丝猴的地理分布可能从来就不曾跨越到澜沧江以西的地区。因此，我们只需在澜沧江以东的地区进行考察就行了。这样，可选地点就只剩下龙马山了。

聊着聊着，老蔡和我谈起了两年前发生在这里的一次大规模屠杀滇金丝猴的惨剧。

那是春季的一个黄昏，两位村民走在从山里回家的路上，忽然发现离村较近的一片云冷杉林中有一大群翘着鼻孔的猴子。其实，他们对这种猴子并不陌生，因为傈僳族是有着传统狩猎习惯的民族，平常村里的猎人们就不时地从山上猎取几只动物回来吃吃，所以村民们早就见过它们了。不过，这还是它们第一次来到离村庄这么近的林中，而且这片原始云冷杉林的面积仅有1平方千米左右，周围都是草地或灌丛，与大片的原始森林只通过一小长条林带相连，故这里是围猎这群猴子的最佳场所。于是，他俩没有惊动猴群，观察了一会儿，看到猴群都在准备夜宿了，就悄悄地回到村中。

当天晚上，有关这群猴子的消息就传遍了全村。村里所有的猎手们都为之振奋，摩拳擦掌，准备大干一番，把这群猴子一网打尽。

第二天一早，天还没亮，村里的猎手们就摸黑来到猴群夜宿的这片云冷杉林边，分别守候在这片林子与周围森林的联结之处——也就是说，把这群猴的归路彻底切断了。

可能在头天下午，这个猴群还在庆幸它们找到了一处食物较多的地方。但是，一觉醒来，它们已经完全陷入猎人的重重包围之中。

此时，它们的周围到处是枪声、人类的喊杀声及狗的狂叫声，而它们却赤手空拳，面对这突如其来的一切，完全没有抵抗的能力，只能惊慌

> 虽然对龙马山滇金丝猴栖息地的采伐已经停止了,但当年的采伐痕迹仍十分明显。这类采伐地的生态恢复过程至少也得百年以上。(龙勇诚摄)

失措地四散奔逃。凭着多年练就的林中飞崖走壁的高超本领,它们当中的多数还是逃出了这重重包围。尽管猎人们穷追不舍,不多一会儿他们还是被狂奔而去的滇金丝猴远远地抛在了后面。终于,枪声和喊声停息了,整个森林又恢复到往日的宁静。这时,猎人们开始"打扫战场",清点"战利品":地上躺着36具中弹身亡的滇金丝猴。至于带伤而逃的有多少,在场的猎人们没有谁能讲得清。当天,为了填饱"参战"猎人的肚子,他们当场就煮了3具猴尸。

说到这里,老蔡取来了一张猴皮,说这就是他那次分得的"战利品"。我一看,果真是滇金丝猴皮。

我的眼眶湿润了,滇金丝猴的命运真是太惨了!虽然它们早在20世纪70年代就被列为国家一类保护动物,但这实在是徒有其名!这些年里,它们究竟得到了多少实实在在的保护?它们的数量究竟减少了多少?这些问题根本无人说得清。其实,像老蔡所说的这类围猎,在整个滇金丝猴分布区内并非稀罕之事。我第一次在德钦县收集到的 12 副滇金丝猴骨架也肯定来自当地的一次大型围猎。

现代保护生物学的研究表明：狩猎是导致大型动物灭绝的首要人为因素。如在澳洲和北美洲，自从欧洲人到那里定居以后，80% 以上的大型动物由于人类的狩猎而灭绝了。因此，我认为必须彻底杜绝狩猎活动，把保护野生动物提升到与护林防火同等高度上来，中国才会迎来野生动物的春天。

四·"秃顶山"之谜

虽然它是一座高山，但其高度还远未达森林上线，但为何其山顶只有草地，而无森林？这难道又是一种奇特的自然现象吗？

第二天，我和老蔡开始了在龙马山上寻找滇金丝猴群的征程。

龙马山位于云龙县和兰坪县的交界处，整座山的面积不到100平方千米，周围环绕着村庄及农田。我在山上走了几天后就发现了一个比较奇怪的现象：其主峰高度为3600多米，但这里的森林上线却只在3500米左右的地方。以前，我在云南的白马雪山和玉龙雪山看到的森林上线全都在4000米以上，有时还会到4300多米的地方，那里许多高度为4000米左右的山峰峰顶都长满了茂密的原始森林。可是在龙马山上，到了3500多米的地方就只有长草的份儿了。为什么从山顶往下的这100多米高的地方都不长树？这难道也是一种奇特的自然现象吗？

> 这类亚高山草甸其实是人工开辟牧场所形成的特定景观。（龙勇诚摄）

我曾到过福建省的武夷山，其主峰黄岗山虽然号称"中国东南第一高峰"，但其高度也不过海拔2100多米，从山顶往下也有100余米的地带只长草不长树。这两处貌似相同的现象难道有某种必然的联系？

根据我的了解，武夷山出现秃顶山是因为那里冬季十分严寒，并且还会周期性地出现特别冷的冬季，而当地又没有特别耐寒的树种，所以一旦遇到特别寒冷的那一年，山顶的树都会被冻死。可这龙马山上的冷杉和大果红杉都是特别耐寒的高山树种，怎么也会出现秃顶山？开始，我对这种现象怎么也理解不了，直到后来我通过与那些在山顶放牧的老乡交流，才找到了答案。原来龙马山的这一"秃顶"现象完全是人类活动的结果，而并非是一种自然现象。当地群众为了放牧就得开辟牧场，这就需要通过放火烧山来实现。如果在山下放火烧山，往往会控制不住火势。所以他们就从山顶开始烧起，因为火在一般情况下，总是由山下往山上蔓延，烧到最顶上就会自己熄灭，这样火势就比较容易控制。于是，当地的群众根据自己对牧场的具体需求，有计划地、一片一片地从山顶往下烧荒，慢慢地向下扩大牧场。长期如此下去，就形成了这种秃顶山的奇特现象，这也是滇西北地区为何出现大片的亚高山草甸的根本原因。最近有研究表明：在所有的亚高山草甸中，只有少数是天然的沼泽性草甸，绝大部分都是人工开辟牧场的结果。这种人为生成的亚高山草甸是造成这一地区原始森林破碎化最重要的原因，千万不可等闲视之。

滇金丝猴具有一张最像人的脸，面庞白里透红，再配上厚厚的红唇，堪称世间最美的动物之一。此外，滇金丝猴是地球上最大的猴类之一，有的体重可达40千克以上。滇金丝猴的生态行为极为特殊，终年生活在冰川雪线附近的高山针叶林带之中；哪怕是在冰天雪地的冬天，也不下到较低海拔地带，以逃避极度寒冷和食物短缺等恶劣的生存状况，对农作物也总是"秋毫无犯"。

五·由两兄弟发展起来的村落

一个高山上的彝族小村落，全村 9 户 50 余口原来竟是一家人。

在考察中，我们来到一个被称为老仙场的彝族小山村，想通过村里的猎手们了解这里的滇金丝猴群最近的行踪。

这个山村位于龙马山的西南面，海拔 2900 米，是师井村公所所辖的海拔最高的自然村落，也是这一地区唯一的彝族村落。全村有 9 户人家，共 50 余人。

进村以后，老蔡为我引见了村里最年长的老哥俩——余氏兄弟。这老哥俩中的哥哥叫余丙生，60 岁左右，是村里最有名的猎手，有一手好枪法；弟弟叫余绍龙，50 多岁，对打猎并不很在行，主要擅长放羊和种地。

余氏兄弟很健谈，他们告诉我这个村的历史并不太长，现在的全村人口其实全是由他们一家人发展起来的，也就是说都是他们哥俩的后代。接着，他们跟我谈起了这个村落的历史。

在中华人民共和国成立以前，他们的父母住在川滇交界处

> 高山草甸上的牧童和牦牛群。（龙勇诚摄）

的小凉山上。那时，当地彝族族群仍存在奴隶制。余氏兄弟父母生下的大女儿，也就是余氏兄弟的大姐，出生后不久就被奴隶主卖掉了。余氏兄弟的父母咽不下这口气，就连夜逃出了小凉山。他们不停地走了许多天，期盼着找到一处能安身立命的世外桃源。一天走到这里，看到此处没有人烟，是个可以开荒种地的好地方，于是就住了下来，并生下了他们哥俩。现在，这村里的全部人口都是他们哥俩的后代。哥哥生了6个孩子，已全部成家。弟弟在人口发展方面更是"贡献"不小——他当时已是50多岁的人了，可还有一个年仅一岁的小儿子。他告诉我，这是他的第10个孩子，前面的有4个都已成家。

通过这些年的野外考察，我切身体会到：如果单从保护野生动物的

角度考虑问题的话，控制这种偏远山区人口的意义远比控制城市人口要重要得多。因此，要保护好我国现有的原始森林和野生动物，最重要的一条就是要加强对偏远山区人口的控制。其实，这种偏远的山区往往也是生态环境最为脆弱的地区，虽然表面看来似乎人口稀少，但实际上，这些地方的人口密度早已达到其所能承受的最大限度。

后来，我又去了一趟老仙场，发现这里的人口已减少到不足40人。这是因为当地年轻人，都愿意走出山林。这样，当地人口就慢慢减少了，对当地自然资源的索取力度也就大大减轻了。因此，我认为加强城镇化建设是实现大自然保护事业可持续发展的重要途径之一。

> 滇金丝猴栖息地内的大片高山草甸牛羊成群，是当地群众数百年来的重要牧场。（龙勇诚摄）

六 · 难忘的"儿童节"

历经半月有余的努力,终于有幸亲眼目睹地理分布最南端的滇金丝猴群。我由衷地感谢命运对自己的又一次眷顾。

1988 年的儿童节,我和老蔡再次来到龙马山山顶的牧场。

我们在山上已经转了两个多星期,除了偶尔找到少量已有些日子的猴粪及猴群取食活动的痕迹外,还一直没有与猴群见过面。当然,从所发现的猴粪来看,这山上的滇金丝猴群肯定还存在并仍在这一带活动着。可是它们到底在哪里呢?由于这里是滇金丝猴分布的最南端,冷杉林下的竹林灌丛相当密集,地上的杂草也很深,在山上即便是找猴粪也相当有难度,因此靠寻找猴粪来间接地判断这山上的猴群大小是很不科学的。所以我还是希望能有机会直接与猴群相遇一次,以便大致判断一下这个猴群的大小。

我们与放牧的人聊了好一阵,希望能从他们那里了解到一些有关猴群去向的线索,但他们说最近好长一段时间都没有见到猴群的踪迹了。我们见问不出什么结果,便向他们告别,沿着牧场边的一条山脊往下继续搜寻。

刚走了半个多小时,突然发现地上有些刚被折断的五加树树枝尖,其上的嫩芽有被啃食过的痕迹,表明猴群刚从这里经过。猴子取食树叶时先用前肢将树枝折断,再将枝梢上的嫩芽送入嘴边,随便咬几口就扔下了。它们的这种取食方法浪费得多,而吃下去的东西并不多。这样,不但造成食物资源的巨大浪费,还会留下明显的活动痕迹,使猎人们容易发现它们,为自己引来杀身之祸。当然,它们的这种行为也为我们找寻猴群提供了方便。否则,我可能永远没有办法与它们见面了。

老蔡凭着多年打猎的经验,判断出猴群就在周围。他向我示意不要

> 拥有3个"妻子"的滇金丝猴家庭。（龙勇诚摄）

发出声响，随他向旁边的一座小石崖走去。

我俩奋力爬上石崖边的一棵冷杉树冠，拨开浓密的树枝，老蔡就兴奋地用手比划开了：猴群就在前方！我顺着他手指的方向望去，果然，在离我们大约100米的一棵冷杉树冠上面有六七只滇金丝猴。它们看上去像是"一家人"，其中一只个体特别大，可能是这个"家庭"中的"家长"；另外几只在个头上明显小得多，其中有两三只可能是这个家庭的"小孩"。它们显然没有察觉到我们这些不速之客的到来，正在那里悠然自得地取食。在它们周围那片树林的许多树冠之上，都有猴子晃动的身影。

我激动万分，这是我第一次真正在野外看到滇金丝猴。我情不自禁地从背包里取出照相机。

在这以前，我很少有机会摆弄照相机这个玩意儿。当时我身边的这部照相机的机身和镜头还是在离开昆明之前，临时从研究所里的两位同事那里分别借来的——美能达机身配上一个焦距为 70～300 毫米的腾龙牌变焦镜头。这套装备在当时已经很不错了，但我在出发前根本没有用

> 滇金丝猴 4 口之家。(任宝平摄)

它拍过照，因而对其性能一点也不了解，只能对着目标胡乱按快门而已。

　　因为猴群是从我们现在所在的位置过去的，所以它们只会离我们越来越远，而我们从这个石崖再往猴群方向逼近的路也已到尽头。于是，我只好待在原地，用照相机对着离我们最近的那个滇金丝猴"家庭"，为它们连拍了几张"全家福"。虽然从镜头里看过去猴子还是清楚的，但在照片上，它们最多只是几个黑点而已。但不管怎样，这终究是我第一次在野外为滇金丝猴拍照。不一会儿，猴群渐渐离我们而去。这时，我看了看手表，记下了刚才发现猴群的时间：1988 年 6 月 1 日下午 3 点半。

　　这天下午，我们一直跟踪着这个猴群，但始终没有找到一个好的观察机会，更不用说去给它们拍照了。直到天黑，我们才踏上返回帐篷的归途。我的心情别提有多愉快了，两个多星期的辛劳以及刚才一路奔波的疲惫在此刻全都烟消云散。从发现猴群的地方返回到我们的帐篷，还需步行一个多小时。要是在平时，这段路对我们来说是个很远的距离，但在此时，这点路程就成了"小菜一碟"。

　　晚上，我躺在睡袋之中，心情久久不能平静。这次的野外考察相当顺利，我在如此短的时间内就把地理分布最南端的滇金丝猴群找了出来，并有机会真正地在野外目睹了它们的尊容，还为它们拍了照。在这之前，我真担心这个滇金丝猴群是否还有存活的可能，因为这个猴群在近一两年内还遭到当地人的一次大规模的屠杀，而且它们不时会受到人类的零星攻击。但现在，我已亲眼看见它们还存在于天地之间，这充分证明它们的生存能力还是很强的。只要我们人类能进一步规范自己的行为，彻底停止对野生动物的杀戮，滇金丝猴和其他生活在原始森林中的野生动物完全有可能世世代代地永续存活下去。

　　　　滇金丝猴是中国特有的濒危珍稀野生动物，仅分布在川滇藏三省区交界处的云岭山脉，而该区域位于横断山脉这一全球重要生物多样性热点地区的核心地带。

七·它在我怀中死去

又是一条年轻的生命饮弹身亡。我的心在祈祷：愿人类不再向野生动物举起屠刀！

第二天一早，我们快速吃过早饭后便又向昨天下午才找到的猴群方向走去，希望能继续跟踪猴群，并伺机为它们照相和点数。其实对于我来说，最重要的工作就是为猴群点数。因为衡量物种濒危程度的最基本指标就是其种群数量的多少，所以对于濒危物种的研究来说，弄清其种群数量是最重要的。

我们走了还不到一小时的路程，老蔡就警觉起来："老龙，有人在打猴子。"我细听了一会儿，隐约听到前方有狗叫的声音。真糟糕！昨天我们才发现这个猴群，猎人们怎么这么快也发现了这个猴群并开始对它们实施围猎了呢？我记得，我们昨天离开猴群的时候，没有看到有人在跟踪它们，那它们是何时被猎人发现的呢？

我们加快步伐向前赶去。狗叫声离我们越来越近，显然是迎着我们这个方向过来的。很快，我们听到了枪声。这时，整个山林不再是我前些天看到的那样祥和，人类又再次向这些无辜的生灵们举起了屠刀。

通过这些年来与滇金丝猴的亲密接触，我深深地体会到，它们的确是世间极其无辜的野生动物。它们在人类的紧逼之下，永远都只会一个劲地往后退，默默地接受着人类强加给它们的所有条件，从不抗争。凡是人类的农作物，哪怕是无人看守，它们都秋毫无犯，从不偷吃或糟蹋，但人类对它们却不存分毫怜悯之心。这不，人类又对这些无辜的动物们举起了枪。

枪声和狗叫声离我们更近了。我们估计，猴群一定在向我们这个方向奔逃而来，可能马上就要到我们附近的这片森林了，于是我们快步向林

> 　一只亚成年滇金丝猴从树冠上飞跃而过。（龙勇诚摄）

中跑去。

　　我们刚进入林中，还来不及选定观察点，就听到树冠上一阵"嗖嗖"的声音。老蔡低声告诉我："猴群正从我们头顶上这一片树冠逃窜而去。"我们选了一个利于观察的石崖，开始对猴群进行计数。由于猴群的奔逃速度很快，加上这一带又实在找不出一个好的观察点，要看清每一只从树冠上逃命的猴子是很困难的。因此，我只好每听到一阵猴子从树冠上蹿过去的声音就算有一只猴子逃过去了。

　　1只、2只、3只……就这样，我一直数到了32只。这时，老蔡突然冲我大叫起来："老龙，快看！那里有一只猴子已跑不动了！"我朝他手指的方向望去，在一棵冷杉树的枝头上的确有一只母猴一动不动地歇息着，嘴里不停地喘着粗气，怀中还有一只年仅一岁的幼猴。看样子，由于孩子

> 　着陆前的瞬间。（龙勇诚摄）

的拖累，它是累坏了，实在跑不动了。由于它所停息的那棵树长在我们正下方的坡上，所以它虽然躲在枝头之上一动不动，但从我们这个方向看过去却是清清楚楚。幸亏是我们在这儿，如果是猎手们守候在这个"要塞"的话，这对"母子"早就小命不保了。

正思忖间，近处的一声枪响打断了我的思绪。我一看，枪声是从正下方传来的，而我前方的这只母猴显然是中弹了。它右手一撒，拼命抓紧胸前的冷杉树枝，而怀中的幼猴直往树下掉去。我估摸这棵树高度至少在30米以上，正担心这只幼猴会掉到地上，摔成肉饼。突然，幼猴的手抓到了下面的树枝，又蹿到另一棵冷杉树上，一溜烟逃命去了。当我还在为幼猴庆幸之时，那只母猴却已经支撑不住，双手撒开，直往树下落去。我和老蔡也随即往这棵树下冲去。

当我们赶到这棵树下时，那里正站着一位猎手，大概50多岁，脸上堆满了得意洋洋的笑容，而在他的脚边正躺着那只中弹的母猴。我也顾不得什么危险，快步上前，一把将母猴抱在怀中。其实，任何有关安全

> 滇金丝猴身手十分敏捷。（龙勇诚摄）

的担心全是多余的，当我把它抱在怀中时才发现，它已完全失去了反抗的能力。此刻，它已不像一只野生动物的样子，简直就像一只听话的小猫，一动不动，也不发出任何呻吟，完全听凭我的摆布。我把它全身上下都检查了一遍，才发现它的中弹部位是在屁股上。猎手就是从树下向它开的枪，难怪猎手会比我们抢先一步赶到这只中弹母猴的身边。

通过检查，我发现它全身上下除了屁股上的一个枪眼外，其他什么外伤也没有。这令我万分惊讶！我再次看了看它刚才站在上面的这棵树，有三四十米高。如果我们人类从那么高的地方摔下来，即使不成肉饼，也会皮开肉绽，而它摔下来后表面却没有留下任何伤痕。

由此可见，滇金丝猴皮真是太神奇了，但这也正是它们的悲哀之处，它们那神奇的皮张就是对当地偷猎者的最大诱惑之一。曾有一位当地人告诉我：如果用羊皮做襁褓，一般只能带大 1 个孩子就会因孩子尿液的腐蚀作用而致羊皮襁褓破损，但如果用滇金丝猴皮做襁褓，由于其神奇的抗腐蚀作用，用来带大 3 个孩子仍完好无损。

虽然从高处掉下来不会摔伤，但一颗罪恶的子弹已钻进它的腹腔，完全捣毁了它的五脏六腑。此刻，我怀中的它也许已意识到自己正走向生命的终点。它的全身已完全失去了活动能力，也不能出声，但仍使出最后的力量，努力睁开那双美丽的大眼睛。这是对美好生命的最后眷恋，也是放心不下它那未成年的孩子。

这时，我除了将它紧紧抱在怀里之外，还能做些什么呢？它的体温在逐渐下降，它的呼吸在不断减弱。半个小时以后，这只母猴终于停止了呼吸，安静地死去了。

整个滇金丝猴群已全部从我们头顶附近狂逃而去，其他的猎人也不知从什么路径紧追不舍地跟过去了，远处的枪声仍在不停地响着。这个猴群中到底还会有多少只猴子会像这只母猴一样饮弹身亡？那只幼猴的前途又将如何？没有母亲的照顾，幼小的生命还能有机会长大吗？

又过了一会儿，我压着怒火向我身旁的这位无知的、此刻仍在高兴地欣赏着他的猎物的中年猎人表明自己的身份，告诉他刚才被他打下来的这只"大青猴"（当地人对滇金丝猴的称谓）就是滇金丝猴，属国家一

> 美丽的藏族村落。(龙勇诚摄)

类保护动物，并说明滇金丝猴这一物种的珍贵性，以及猎取滇金丝猴是犯法的，是要被判七年以下徒刑的。这位猎人听后马上向我说明：过去他对此真的是一点也不知晓，因为从来没人告诉他这山上什么动物能打，什么动物不能打。这里又不是保护区，当地的狩猎传统也从未得到过限制。这种"大青猴"，从过去到现在，多少世代以来，一直就是猎取的对象。今天他第一次听说这种猴子是不能打的。对他的这种申辩，我也找不出任何责备的理由来。因为像今天这种猎杀滇金丝猴的行为的确不能责怪这些当地群众不守法，而在于我们这些科学工作者和肩负保护责任的有关部门的工作没有落到实处。对于他们，我实在是找不出更多埋怨的理由，所以只好请他回去后向村里的其他猎人转告他今天从我这里所听到的这一切，也希望能通过他把国家禁止猎杀滇金丝猴的消息传遍这一带的每一个角落。

从他的申辩中，我再次深刻地认识到，滇金丝猴绝不是单凭告示就能得到保护的动物。广大的中国百姓，特别是地处偏僻山区的山民，要他们仅从告示上就能分清这些保护动物未免太难为他们了！

根据中国科学院昆明动物研究所对笼养滇金丝猴的试验结果，它们在笼养条件下，并非难以繁衍。多数母猴每两年可产一仔，有个别的甚至可每年生一仔。可见，它们的繁殖能力是很强的。只要我们人类彻底停止对它们的猎杀行为，不再破坏它们的栖息环境，滇金丝猴的种群必将会很快增长起来。

在后来的野外考察过程中，我又了解到龙马山南面的天子山也有零星的冷杉分布，那里才是冷杉在云岭山脉地区分布的最南端。此外，据一些资料记载，天池自然保护区也有滇金丝猴的分布。于是在完成这次野外考察之后，我又到天子山和天池自然保护区一带的山村进行采访，但没找到有滇金丝猴存在的线索。这证实了龙马山确实是滇金丝猴地理分布的最南端。

2005年，我又再次去探望龙马山上的滇金丝猴群，欣慰地看到龙马山已经被纳入自然保护区的范畴。其北部属当时新建才两三年的兰坪云岭省级自然保护区，南部属云龙天池省级自然保护区。这是因为兰坪县隶属于怒江傈僳族自治州，而云龙县则隶属于大理白族自治州，所以龙马山上的滇金丝猴群就成了这两州的共同"财富"，两边都主动向这猴群递出"橄榄枝"。云龙天池保护区对这一猴群进行了积极有效的管理，后来还因此升为国家级自然保护区。现在，这一猴群的数量已经由当年的50多只增至近200只。我再也不用为它们的生命安全担心了，心中暗暗庆幸；幸亏当年我能及时发现这一猴群，不然可能一切都来不及了！

第三章

西藏考察途中的故事

为了找寻分布最北端的滇金丝猴群，我曾两次只身前往西藏东南部的芒康县。山上的搜寻过程似乎没有多少特殊之处，然而每次真正令我今生难以忘却的事则发生在途中。

一 · 搭车

搭车应是人生中最普通不过的一种经历了，可那次的搭车经历为何让我刻骨铭心？

一位美国朋友跟我谈起他在发展中国家的旅行经历时曾这样说道："在这些国家，如果待在城市里，当然会觉得差别很大，但是你如果到了山里，那就与在美国的山里没有多大区别了，也就感觉不到国家之间的这种差别了。"

在过去多年的找寻滇金丝猴的历程中，我曾去过许多生活着不同民族、有着不同文化习俗的地域，所以我对这位美国朋友的话很有同感。当我在山上找寻猴群的时候，不管是在哪里，我都不会感到有什么特别的地方。但在路途当中，这种差异感对我来说是极为深刻的。

其实这种经历对于每个独闯西藏的人也许是屡见不鲜的，只不过我在滇金丝猴的寻觅之旅当中很少进入西藏，并且每次又都是"独立大队"，所以有些经历确实有些不平常，有些记忆甚至令我终生难以忘怀。

1988 年 10 月的一天，雨季刚过，天空变得特别晴朗。我站在滇藏高原之上，放眼望去，上面是无边无际的蓝天，连一片云的踪影都见不到；下面是绵延不断的雪山冰峰和夹在其中的那一泻千里的澜沧江峡谷。

尽管这里的自然风光十分美丽，可是我的心思并不在这里，总也陶醉不起来，因为我被卡在这里了。这次我要到西藏芒康县的红拉山去调查那里的滇金丝猴，可现在前面有路没车，我只能停留在这云南省最靠近西藏的一个乡政府所在地——佛山乡。这里是德钦县车队所能到达的最后一个终点站，再继续往西藏前进就不方便了，因为没有公共汽车可乘，只能搭乘过往的货车或干脆靠自己的两条腿步行前进。

我住在佛山乡唯一的旅馆——扎西小旅馆内，每天早上起床都是做同样的事：把行李搬到公路旁去等待开往西藏方向的车。我已等了3天，每天等到的都是失望。一个车影都没有，我十分沮丧。

这些天，每天跟我闲聊的都是同一个人——旅馆老板兼伙计扎西。扎西是藏族人，曾在外地当过几年兵，因而能说很好的汉语，我们之间的沟通不成问题。我是唯一住在旅馆里的客人，所以他每天也只能与我闲聊。

今天是我在这里等车的第四天。我仍像往常一样，一早起来就把行李搬到公路边去等车，心里念叨着：老天保佑我今天能顺利到达目的地。

眼下正是秋高气爽的时节，晴空万里。但凭我前几年在雪山工作的经验，这也预示着冬季的逼近，大雪随时都会来。看着这么好的天气，而我却将时间白白浪费在等车上，心中实在着急。

其实，从佛山到我所要去的目的地只有70多千米。如果我从等车的第一天就开始走路的话，即便一天只走二三十千米，现在可能也到了。可我当时无论如何也没想到竟会如此不走运，搭车会有如此之难。这世上是没有"后悔药"可吃的，我既然打算在这里等车，就干脆一直等下去。我相信，总有一天会等到车的。

果然是"有志者事竟成"，这天中午时分，我终于听到了来自德钦方向的汽车轰鸣声。一刹那间，我心中的沮丧一扫而光。

城市里，汽车声是那么令人厌烦，而此刻，汽车声是多么令人向往。这是一种多么强烈的心理反差呀！

汽车声越来越近，我不停地挥手示意搭车。终于，汽车在我面前稳稳地停了下来。

这是一辆老式解放牌货车，后面车厢里的货物已堆到了上面的篷杆。驾驶室里除驾驶员外，已坐了另外两个人，估计是这车货的主人。我向驾驶

> 成年雄性滇金丝猴都有一撮下垂的黑发。（龙勇诚摄）

> 金秋时节滇金丝猴栖息地层林尽染、如诗如画。(龙勇诚摄)

员简单地说明了情况并表示愿意交10元钱，请他把我捎到离此约70多千米的红拉山垭口道班。山里的藏族驾驶员们都比较豪爽，也乐于助人。他简单地答道："好，快上去吧！"

于是，我赶快把钱递给驾驶员并快速地爬上了车，扎西也迅速地把我的行李递了上来。我刚把行李拴好在车顶的篷杆上，车就开动了。我只好一只手紧紧地向下抓住汽车的篷杆，稳住自己的身体重心，腾出另一只手向扎西告别，谢谢他数日来对我的帮助和照顾。

汽车慢慢地驶离佛山，向着西藏的芒康县进发。此时，我的心中骤然一阵轻松。虽然高坐在已达篷顶的货车上是不安全的，路面上稍有不平，就摇晃得厉害，必须随时小心地攥紧篷杆以免被甩下去，但此刻我却远比在城里坐上豪华的大客车更为开心。因为，我为搭上这趟车花去了整整4天的时间，这在我的一生中还是头一次呢！

> 青少年猴常常会花相当多的时间在玩耍上。（龙勇诚摄）

金丝猴属有 5 个物种，包括川金丝猴、黔金丝猴、滇金丝猴、越南金丝猴和怒江金丝猴，都已被列入世界濒危动物红色名单之中。它们中，越南金丝猴分布在越南北部，怒江金丝猴分布在中国和缅甸交界处，其余 3 种均为我国大陆特有分布种。

二·没收身份证

我们在那里的工作一定要设法取得基层执法者的支持，这是我们取得成功的基本保障之一。

我第二次进藏是在第一次进藏的 4 年之后。这次，我还是一个人独自前往。记得上次进藏时，德钦县车队的公共汽车最远还只能开到云南省最靠近西藏的一个乡政府所在地——佛山，而这次德钦县车队的公共汽车可一直开到西藏昌都地区芒康县最南的一个乡政府所在地——盐井，也就是说，现在乘公共汽车比起 4 年前可多向北挺进近 50 千米的路程。

嘿！你可不要小看这一小段距离。记得在 4 年前，我曾为从佛山到小昌都的这 70 多千米的路程伤透了脑筋，足足等了 4 天的车。这次我可比 4 年前要顺利多了。

早上 8 点多钟，我就从德钦县城乘上了每两天一班的由德钦到盐井的公共汽车。从德钦到盐井只有 110 千米，但这段路很不好走，路面很窄，坑坑洼洼的，汽车每小时只能跑 20 多千米。但一路还算顺利，下午 1 点多，我就来到了坐落在红拉山脚下的澜沧江边的这座"小盐城"。

有公共汽车直接到这里，到西藏进行滇金丝猴考察就比以前方便多了。这里是西藏境内滇金丝猴群分布的中点，由此地到其他猴群的栖息地都不算远，可以直接爬山前去。此外，盐井的海拔只有 2700 多米，属于低海拔地区，人住在这里也比较舒服，所以这里完全可以作为考察工作的休整地。

盐井自古就产盐，并由此而得名。盐井又是滇藏路上的要塞，再加上这里的气候宜人，所以是西藏人口最为稠密的地区之一。虽然我没有具体的人口统计数据，但只要站在盐井附近的任何一个高处都可以看得出来，这附近只要有一小块略为平坦的土地，几乎都为一个个村庄所占

> 体形笨重的大公猴很容易疲劳，因而不时需要靠在树干上休息。（余忠华、龙勇诚摄）

据。这也表明，盐井的人口密度已经达到极限，所有可以为人类利用的土地都已被充分地利用起来了。但据说，全乡的人口密度在每平方千米10人以下。所以人口密度与土地利用率之间还是不能当成一回事儿，因为土地的类型不同，它所能养育的人口也就不同。如果是在肥沃的平原，1平方千米的土地也许能养育千人以上，但雪山冰川的1平方千米可能连三五人都养不活（这里仅以物产而论）。

我沿街看了看，这条所谓的盐井街只是一条200来米长的土路，沿街有一些房屋而已。我在路边随便找了一家看上去有些别致的私营小旅馆住下来。这家旅馆其实只有一间大房，里面有十几张床，也就可容纳十几位客人。很多人住在一起也没有什么不好的，反而方便聊天。大家来自不同的地方，都有不同的经历，有缘凑在一起也很难得。这家旅馆中除了有五六位中国客人外，还住着两位外国小伙子。碰巧，我会一些简单的英语，于是便同他们聊了起来。他俩都是荷兰人，这年秋天刚刚高中毕业，这次是专程来西藏旅游的。他们说："明年就要进入大学学习了，所以趁此机会到向往已久的西藏这片人类尚未开发的处女地走走，学一点'闯江湖'的本领。"听了他们的这番话，我真佩服外国人的这点"闯劲"，两名中学生就敢出国"私闯"西藏。当然，他们应该也是有点经济实力的。虽然现在，中国的"富贵人家"也大有人在，但他们即便有钱，也未必敢闯这片"不毛之地"。

由于这条街上没啥地方可玩的，吃过晚饭后，我们3人只好继续待在旅馆的床上聊天。聊到9点多的时候，突然一个粗鲁的声音打断了我们的谈话。"你们几个外国人！把你们的证件都拿出来给我检查。"我们抬头一看，只见一位酒气熏天的当地警官站在我们的床前。那两名荷兰中学生听不懂他讲些什么，于是问我："这是怎么回事？"我给他们当起了翻译："他要看你们的护照。""他能看得懂吗？这可不是中文的。""这您就别管了，他要看护照，您二位就拿出来让他看看算了，省得麻烦。"这两名荷兰中学生照我说的，把护照拿出来，恭恭敬敬地递了过去。

"先生，他怎么把我们的护照倒拿着看。"当这位警官在看他俩的护照时，其中一位荷兰中学生突然对我说。"他醉了，您二位可千万别跟他认真，以免引起不必要的麻烦。"我们继续用英语交谈，但此刻我们3人都拿他没办法，只好顺从地看着他，盼望他快点折腾完了，我们好休息。其他客人围在一旁看热闹，都不敢得罪这位本地"老爷"。只见他把两本护照翻来翻去看了好一阵，然后把护照装在衣兜里站起身来说："这两本护照没收了。"接着就要出门去。

"先生，这是怎么回事？他为什么要拿走我们的护照？"两名荷兰中学生焦急地问道。"他说要没收这两本护照。"我也只好实话实说。"那可不行，是你告诉我们他要检查护照的，现在你得设法为我们要回来。"两名荷兰中学生这下可是真着急了。

> 英武的雄性滇金丝猴。（马晓锋摄）

这不，我给自己惹下麻烦了。刚才要是我装着什么也听不懂，这会儿人家"老外"也不会逼我"出头"去为他们要回护照。

我也顾不上得罪这位警官了，赶紧跨步上前，拦住他的去路，对他说道："您可不能没理由就没收'老外'的护照。事后，人家到县里或地区告起您来，麻烦可就大了。"

他听后一愣，好像明白了什么，于是就把那两名荷兰中学生的护照还给了他们，接着冲我大声嚷道："你是干什么的？你的证件也要检查检查。"

"我是中国人，难道我们这些人也需要检查证件吗？"我一面说，一面指着四周围观的几位其他旅客。"我今天就检查你的！其他的人不用你管。"这位醉醺醺的警官的话听起来很不友好。

我知道是我刚才的举动惹恼了他，现在他把火冲我撒了起来。我暗自思量：我又没犯法，证件又齐全，谅他也不会把我怎么样！于是，我问

> 大果红杉林也是滇金丝猴的栖息地。（张珂摄）

> 人工形成的亚高山牧场是造成滇金丝猴栖息地片断化的主要原因。（龙勇诚摄）

他："你要看工作证还是身份证？""两样都要看！"我只好把我的中国科学院昆明动物研究所工作证和身份证一起递了过去。他接住后，连看都没看一眼就装进了衣兜，冲我说道："没收了！这下可没人敢告我了吧！"

现在跟这位"醉汉"硬顶是没有用的。站在一旁的旅馆老板娘也劝我："他醉了，你现在别理他，等他明天醒后，再找他把证件要回来。"于是，我只好先回床休息，打算第二天再去找乡领导评理。

第二天一大早，我就去了盐井乡政府。刚走到乡政府门口，就遇上了许多从昌都地区派下来搞"社教"的工作队员。我把昨晚的遭遇向他们讲述了一遍后，他们中有的表示同情，有的漠不关心，也有个别人甚至怀疑我的身份。但其中一位叫平措的"大个子"对我特别热情，当即就表示愿意陪我一道去取回我的证件。

平措真高，可能有 2 米多。我们并肩走着，我还不到他的肩膀。他一面走，一面告诉我，他过去曾在西藏自治区篮球队里打中锋，我也跟他讲了在野外进行动物考察的艰难。很快，我们就成了朋友。平措告诉我，他与那位警官很熟，我们一道去他家，他一定会好好接待我们的，还会对我以后在这儿的工作有所帮助。

果然，警官一家热情地接待了我们，并请我们吃糌粑、喝酥油茶。然后，那位警官向我表达了歉意，并还回我的工作证与身份证。此外，他还郑重其事地对我说："咱们不打不相识，现在是好朋友了，以后有什么事都可以找我帮忙。"

我在返回旅馆的路上一直在想：在这"山高皇帝远"的地方，可能法律失去了它原有的庄严，执法往往凭执法人员个人的"喜怒哀乐"，这种现象还会持续多久呢？我们这些长期搞野外工作的人最盼望的是自己的工作能得到当地政府的支持。

滇金丝猴是重要的旗舰物种。滇金丝猴乖巧且充满了灵性，全身上下由黑白双色组成，惹人喜爱。特别是自从 1999 年昆明世界园艺博览会把滇金丝猴作为吉祥物之后，滇金丝猴在人们心目中的地位迅速上升，已逐渐成为明星物种。

第四章

从猎手到滇金丝猴守护神

滇西北地区许多少数民族刚从狩猎社会步入农耕社会不久，在这里实施野生动物保护行动实在是难之又难。行政命令和空洞说教显得十分苍白无力，当地民众的觉醒才是保护野生动物的根本出路。

一·初遇老张

他，过去是一个偏远小山村的普通猎人。一个偶然的机会让我俩不期而遇，从而结为终生知己。

"动物生态学家"和"猎人"看起来似乎是两个截然不同的概念，怎么也不会被扯到一起，然而细细想来就会发现：地球上最早的动物生态学家其实就是猎人。猎人要猎取野生动物，就必须知道它们的生活习性，否则就打不到猎物，也就不可能维持生计。世界上最早的动物生态学知识就源于此，只不过是经过了"笔杆子"们的系统整理而已。亦有些猎人自己就是名副其实的动物学家，如世界上最早研究鲸鱼的科学家查尔斯·梅尔维尔·斯卡蒙先生（Charles Melville Scammon）就曾是一位著名的捕鲸人，经他捕杀的鲸鱼不计其数。但出名的并不是他所卖出的无数吨鲸鱼制品，也不是他那建筑在鲸尸堆上的财富，而是他撰写的世界上最早的关于鲸类生态行为学的专著。

老张姓张名志明，是居住在丽江老君山上的一位纯朴的傈僳族村民。他是一位"全能"的野外向导。说他"全能"是因为他不仅能当木匠、石匠、电工，而且做饭、看病、开车、修路、建桥样样在行，还特别勤快，总是忙前忙后，一刻也闲不住。他是我过去几十年所遇到的最佳当地助手。

我们第一次相遇是在1989年的春天，那是我第一次前往老君山调查滇金丝猴。此前，我曾多次来过丽江，但从来没听丽江的人谈到过滇金丝猴。

记得我第一次到丽江是1983年的金秋，当时我对丽江古城的印象并不太好。这主要是因为那年丽江恰逢多年不遇的大旱，黑龙潭里的泉水全部干涸，古城内的水渠也成了名副其实的阳沟，根本见不到"三河穿绕

> 从猎人变成滇金丝猴保护神的当地村民张志明。（龙勇诚摄）

城，家家清水流"之美景。现在每当我看见丽江城内游客盈门、生意红火，总会回忆起当年的那种情景。真心希望每个丽江人和从世界各地会聚到这里的观光客都能真心关爱这里的自然美景和古朴的文化遗产，让黑龙潭和玉河的水能永远流淌。

这次我到丽江的目的只有一个，就是弄清这里究竟有没有滇金丝猴。与我同行的还有一位叫郑学军的年轻人，年仅 21 岁，毕业于南京大学，是昆明动物研究所在读硕士研究生。他这次跟我一道前来主要是想体验一下野外生活并寻求做硕士研究生论文的机会。

丽江县①林业局应该最熟悉丽江的山林，找他们打听准没错。于是我满怀着期待，走进了丽江县林业局的大门。

---

① 2002 年，丽江撤地设市，并将原丽江纳西族自治县分为古城区及玉龙纳西族自治县。

丽江县林业局局长老高对我们的到来非常高兴，热情地接待了我们，告诉我们林业局也不清楚滇金丝猴的事，因此也希望由我这个专家来帮他们弄清这个重要问题。

　　面对这样的回答，我心里犯起了嘀咕。林业局都不知道滇金丝猴，那就别再指望能从城里的其他居民那里打听得到有关滇金丝猴的消息了。看来，一切只能靠自己了。我坚信丽江境内的原始森林中一定还存在着美丽的滇金丝猴。俗话说："山美水美人更美。"其实，这句话还应加上"动物也一定美。"因为动物和这里的原始森林都是亿万年进化的结晶，美丽的山水间定有美丽的动物群。只要这种原始生境未遭到毁灭性的破坏，栖息于其中的动物们就一定还会有少数尚存世间。

可眼下我应往哪里去找呢？路又在何方？丽江在当时虽然是一个人口仅 20 多万、面积也只有 7000 多平方千米的小县，但如果只是在山上漫无目标地乱找，总不是个好办法。于是，我决定在林业局里借助林业信息汇总来确定行动的方向。经过仔细分析，我把目标锁定在丽江西部的老君山地区。这里有着丽江境内最大面积的林区，茫茫原始森林一望无际，而石头乡正处在这一腹地的中心。

我和郑学军随即购置了足够我俩在山里住上两三个月的大米、干菜和一些盐腌肉，便乘汽车向石头乡进发了。石头乡是一个很不起眼的小村子，一条小街长不过百米，整条街上只有一个不足 5 间客房的小旅店——我们别无选择地住进了那家小旅店。

> 滇金丝猴栖息地一年当中约有半年为云雾缭绕。（龙勇诚摄）

> 滇金丝猴生长在寒冷的地方，且其背毛为黑色，腹毛为白色，所以在晒太阳时总是喜欢背向阳光，这样就能吸收更多的光能，从而提高机体的御寒能力。（龙勇诚摄）

> 这是一只刚成年的雄性滇金丝猴。在滇金丝猴群中，仅有少数雄猴能通过竞争，得以"成家"。多数雄猴则加入"全雄群"，与其他雄猴一起活动。（龙勇诚摄）

说来也巧，这家旅店旁边就住着一位热情好客的当地村民。他姓和，我俩同岁，一见如故，我便向他打听山中猴子的情况。老和告诉我山里有两种猴子：一种黄毛短尾，喜欢破坏庄稼；还有一种大青猴，体大尾长，从不扰民。他告诉我他有一位姓张的朋友住在距石头乡20多千米的利苴村，他对这种大青猴很熟悉。老和的这番话，令我那悬着的一颗心立刻放了下来。

　　我明白老和所描述的大青猴正是我要找的滇金丝猴。它们是丽江最早的"居民"之一，在丽江已经居住了数百万年，但丽江的多数"现代居民"并没把它们放在眼里，也从来没有注意到它们的存在，更不可能顾及它们的利益。当地的极少数人虽然与这美丽的动物朝夕相处，但也只把它们看成是肉食、毛皮和药材而已。那天晚上我再一次失眠了。

　　石头乡与利苴村相距25千米，其间有一条非常简陋的林区公路。那是驻扎在石头乡的冲江河林场用来采伐木材的专用通道，一直伸向原始森林深处，在不停地吞噬着一株株高大挺拔的参天大树。我估计这片原始森林至少也有400多平方千米，林中古木林立，树龄大多为300多年，也有少数的超过四五百年。

　　由于从石头乡到利苴村没有公共交通工具，我们只好请老和用他家的手扶拖拉机把我们送到老张家。一路颠簸，我们近中午时分才到达。大家把东西卸在老张家门口，老和便回石头乡了。

　　这老张家其实不是一家人，而是一个由3户人家构成的小小山村，另外两户是他的哥哥和弟弟家。哥哥张志科是村公所的秘书，弟弟张志亭是村里的电影放映员。此时3家均空无一人，都下地干活去了。我们在门口等了好久才见到了张氏三兄弟家中的女人们，可她们都不敢让我们进家门，说了好一阵也不管用。我们又饥又渴，只好把行李留在老张家门口，然后向2000米外的利苴村村公所走去，找些食物充饥。

　　村公所旁有一个代销点，我们买了些食物，又遇见了几个当地村民。与他们一聊，都说这里确实有大青猴，于是我更安心了。虽然刚才还在张氏小村吃了一个闭门羹，但这会儿心里是美滋滋的。我们在丽江的首次出击方向就瞄得如此之准，真是太幸运了！

> 滇金丝猴栖息林内的古树。（龙勇诚摄）

我们兴致勃勃地聊着天，不知不觉天就黑了下来。正盘算着当晚如何歇息时，一个人打着手电筒向我们走来。来人自称是张志科，特地前来接我们去他家住。原来，那天张家三兄弟都上山去了，很晚才回家，而当地傈僳族妇女们在没有得到家中男人的同意之前，一般都不敢把陌生男人迎入家中，这主要是出于安全考虑。兄弟三人到家后听说此事，便马上让张志科前来请我们到家里去用餐和住宿。我和郑学军当即兴奋了起来。一路上，我们向他说明了此行的来意。

张志科四十出头，是一名退伍军人，年轻时曾在外地当过兵，因而特别愿意帮助我们这些来自远方的客人。他把我们迎到家中住下后，马上把我们介绍给他的大弟弟张志明，并请他带我们上山去找寻大青猴。

张志明39岁，正值壮年，夫妻二人务农为生，膝下两儿一女。张家三兄弟只有老三比我略小几岁，所以我把他们三人都称为老张。看着老张，我有点纳闷：老张长期在家务农，不太像一个经常转山的猎人，怎么可能熟悉山上的滇金丝猴呢？

老张似乎看出了我的心思，告诉我：他过去曾在这山上连续放牧13年，对这里的一草一木和山形地势都了如指掌。放牧期间，他也曾多次参与过当地捕猎滇金丝猴和其他野生动物的活动。这里的村民根本没有"滇金丝猴"这个概念，更不知道被他们称为"大青猴"的猎物就是国家一级保护动物、中国特有的世界级濒危珍稀动物滇金丝猴。加上老君山在当时也不是自然保护区，当地人也就不可能接受"自然保护"和"保护野生动物"这些概念，因为与他们的生存需求相比，这些概念显得那么遥不可及、虚无缥缈。此外，当时捕猎的丰厚回报也格外诱人：一架猴骨就可换回近100千克的大米。这对于食不果腹的当地村民来说，谁会不心动？现在他已经10余年未上山打猎了，一来是他早已看清"猎物日趋稀少，打猎为生越来越难"的事实，二来是自土地联产承包政策实行后，他就决心和妻子一道，用勤劳的双手，通过"汗滴禾下土"来营造自己的幸福生活。

再次从老张口中证实了滇金丝猴这一物种在此地的存在，对我来说，实在是一个令人振奋的好消息，因为老君山地区特有的地形地貌对于滇金丝猴的生态学和行为学研究具有特别重要的学术意义。从整个滇金丝猴分布区来看，越往北，其海拔分布范围就越偏高；越往南，其海拔分布范围就越偏低。但从整个地形地貌来看，老君山的两座山峰非常显眼地耸立于整个滇金丝猴分布区的中段。两高峰上半段的生境应该与滇金丝猴分布区北段的相仿，而下半段的生境又与其南段的相似。所以该地区若真有滇金丝猴存在，应该是对该物种进行宏观生物学研究最理想的地点之一。

滇金丝猴是重要的指示物种。滇金丝猴的生存有赖于原始森林，并且滇金丝猴的活动面积特别大，需要百平方千米以上的原始森林方能生存。其家域之大在中国乃至全球所有灵长类动物中屈指可数，所以滇金丝猴群完全可视为大面积原始森林的存在标志，即凡有滇金丝猴群的地方，也就很可能尚存有绵延数百平方千米的原始森林。这样，我们就可以通过对滇金丝猴的保护来实现对这些大面积原始森林的保护。

二 · 山上相处

远离尘世，人间真情才会得到最充分的表达。只有在这种环境下长期相处，友谊永存才是真的！

第二天，我们就在山上扎营了。由于我们需要在山上连续住上好几个月，所以带的食品很多，其中有些是我们从丽江带过来的，还有些是我们根据老张的建议，临时在利苴村代销点买的。那天我们共请了5个帮手，才把我们的东西背到了山上的营地。

所谓营地，其实是在老君山主峰金丝厂下的一条小山沟中的一小块草坪，老张告诉我们其地名为公社仓房。这个名字听起来有些奇怪，老张解

释说，过去公社曾在这一带开荒种地，当时盖了这个小棚子保管集体的庄稼，故得名之。

这里的海拔约 3300 米，风景优美，周围古树参天，多为云杉或冷杉。其树龄大多在 300 年以上，平均高度约 40 米，少数高达 50 米以上。老君山上的云杉和冷杉普遍比白马雪山上的要高大一些，我想这可能是由于这里的纬度相对较低，即比较靠南，故其温度、湿度的综合条件要好一些，因而树木也更加高大挺拔。此外，我还注意到：这里海拔 3700 米以上的生境与我在滇金丝猴地理分布区北段所看到的生境相差无几，而海拔 3700 米以下的生境则与我在滇金丝猴地理分布区南段看到的很相似。所以，在这里研究滇金丝猴的生态需求再合适不过了。

我们在草坪上搭了一个双人帐篷，又在旁边一棵高大挺拔的云杉树下用三块石头搭起一个世界上最原始的"灶"，就算正式扎好营了，然后便在老君山上做起了第一顿晚餐。虽然只有一锅略夹生的饭和一碗盐腌肉炒干菜，但我们觉得特别香，大概是因为爬了一天的山都饿坏了，正所谓"饥不择食"嘛！当然，我们对这次来此调查滇金丝猴充满着期待也是一个重要原因。

"高山的天，娃娃的脸。"我们上山第一天还是个大晴天，第二天就变天了。早上一起床，只见天空已是乌云密布，很有点"黑云压城城欲摧"的味道。老张二话没说，马上抡起斧头在路旁的一棵倒木上一阵猛劈，不到一小时就劈出了一大堆又长又直又平的木板。这时，天空飘起了小雨。我和郑学军帮着老张把木板搬到那棵大树下，搭起了一间有顶无墙的小伙房。这样，我们的营地就有了一个可遮风避雨的处所。这就是老张给我们露的第一手绝活：两小时内就搭好一个小伙房——虽然十分简陋，但却很实用。有了它，我们在山上 5 个多月的生活就有保障了。

从那以后，我们便开始了漫长而艰苦的找寻滇金丝猴之旅。每天起早贪黑，早出晚归，早上吃一顿，到天黑才能回到营地做下一顿饭。我们好像特别禁得住饿，每天在人迹罕至的原始高寒森林中走上十几个小时也不觉得饥饿，每天的注意点只有一个：尽快发现滇金丝猴群。当然，我们每天还是会将早上吃剩的饭菜装在一个塑料袋里，背在身上以防万一。但常

> 这片雪山古杜鹃林的平均树龄至少有 300 年，它也是滇金丝猴的重要栖息地。（龙勇诚摄）

常是背出去，又原封不动地背回来，再重新放回锅里与晚饭同煮，因为我们每天出去后根本没有时间停下来进食。这种工作现在想起来觉得十分辛苦，但我们当时的确一点也不觉得。也许是因为当时我们都还比较年轻，胃口也好，只要白天能吃饱、晚上能睡好，就没有什么承受不了的辛苦。

这样在山上努力地找寻了 4 个多星期也没看到滇金丝猴群，但我们还是不时地发现了它们那形状别具特色的粪便。由于一直找不到猴群，老张和我打算到远处找寻，预计第二天晚上才能返回营地，于是我们把郑学军留下照看营地。平时，我们都是三人全体出动，从不留人看守营地。老张说，这山上十分安全，平常很少有人上山，最多有些上山打猎的人会光顾。这里的民风十分淳朴，当地的猎人们也多为讲义气的人，故一般不会有人动我们的东西。此外，即便有人动了，老张说他也有本事顺着他的脚印到他家里去把东西要回来——他说这是过去长期打猎练就出来的又一手绝活。今天，一来由于我们的这次出行当天晚上回不来，二来我们也担心第一次上山的研究生小郑难以跟上我们的步伐，影响整个行程，所以破例让小郑留守营地。好在小郑还是很具胆量的野外工作者，把他一个人留在营地过夜也不会感到害怕。营地事宜安排妥当后，老张和我便出发了。

我俩刚出发不久，天上便飘起了毛毛细雨。不多一会儿，雨下得越来越大，但我们还是照例穿行在黑压压的原始森林中，不断地在人迹罕至的林中搜寻着目标——滇金丝猴。晚上，我们在离营地大约有7个多小时步行距离的一个村民家住了下来。当晚，山雨就变成了鹅毛大雪。很快，整个山林银装素裹。我们只好在第二天天刚亮时就起身出发返回营地，因为在雪地里步行的速度会比我们来时要慢得多。果然，那天我们在林海雪原中穿行了近15个小时才回到营地。留守营地的小郑早已为我们做好了饭菜，远远看到我们的手电光时，便高兴地为我们热饭热菜。他已经孤独地在这深山营地生活了一天一夜，看到漫天皆白，还以为我们回不到营地，见到我们能够安全回来自然十分高兴。老张和我都已筋疲力尽，虽然十分饥饿，却连饭菜都咽不下去了。我俩只是匆匆喝了一碗麦乳精便钻进帐篷里睡着了，直到第二天早晨醒来才觉得饿得发慌，起床后马上饱餐了一顿，昨天的疲劳早就抛到九霄云外去了。那时，我们都还年轻：老张39岁，我35岁。

傈僳族数百年的狩猎历史给当地人的影响是极为巨大的。虽然老张已多年未上山打猎，但每当我们穿行在这郁郁葱葱的茂密森林中时，他总是喜欢带着那把不到1米长的小火枪。那枪十分原始，是当地流行的铜炮猎枪的前一代产品，需要用点火绳点燃才能击发。但它显然是老张的心爱之物——每当见到猎物，他总是怦然心动。

记得有一次，我俩在山上看见一头重约100多千克的黑熊在离我们200米开外的石崖上睡午觉。我们朝它吼了好一阵，它都懒得理会我们。这时，老张便向我提出要前去把它"干掉"。当然，我是不会"批准"他的这一无理"请命"的，其中道理有二：第一，我们此行是来调查滇金丝猴的，而不是来打猎的；第二，老张手中那把火枪能克得住那强劲的熊掌吗? 别猎物没打到，还赔上了自己的性命，我将难以面对他家中的妻子儿女。

　　找到老君山上的滇金丝猴群真难! 时间一天天地过去了，直到我们在山上已经待了足足 30 天的时候，才在离营地近 4 小时步行距离的一座山梁上第一次亲眼看到了我们日思夜盼的猴群。之后，我们又对这个猴群连续跟踪观察了好多天。据我们的初步判断，这个猴群由 100 ~ 150 只滇金丝猴组成。

　　滇金丝猴是重要的保护伞物种，对大面积原始森林的依赖程度远比它所栖息地域内的其他动植物要高得多。如果我们保护的生境能满足滇金丝猴的生存需求，就一定可以满足许多与之共同生活在这些原始森林中的其他生命体的生存需求，从而使它们都能得到很好的保护，得以永续生存繁衍下去。

三·老张的猴缘

保护野生动物的根本出路就是要把那些最优秀的猎人转变成为最优秀的动物庇护神！关注野生动物就必须关注猎人的生活！

那年，老张和我们在山上同吃同住，形影不离地生活了 5 个月之久，共同查清了老君山地区全部的两个滇金丝猴群的活动范围和大致的种群数量，我俩也成了无话不谈的知心朋友。

从那以后，老张便与美丽的滇金丝猴结下了深深的情缘，成了这一带近 200 只滇金丝猴和其他珍稀濒危动物的"守护神"，随时都在关心着动物们的安危。此事传开后，当地林业部门正式任命他为滇金丝猴保护宣传员。

> 在树上远眺的滇金丝猴。（龙勇诚摄）

> 当地居民为了生存正在烧林开荒，变森林为农田。（龙勇诚摄）

有了这顶"乌纱帽"，老张便"名正言顺"地行使起自己的"职权"来了。由于老张人地两熟，对当地各猎手的活动都十分清楚，也了解这山里的各种"兽路""禽道"。这些套子是谁下的？他来自哪个村子？这个套子是捕什么动物的？这些套子对滇金丝猴有影响吗？他一看就明白。因此，他在这一带从事反盗猎活动显得"驾轻就熟"，远比派三五个正式巡护员驻扎在这里有用得多。

此外，老张还常常以身作则，向当地村民示范如何引进优良农作物品种和采用先进的生产方式来改善自己的生产、生活，摒弃举步维艰的传统狩猎习性。他常挂在嘴边的一句话是："安山下扣，吃的不够；捞鱼摸虾，饿死全家。"此话若用通俗的语言来表达就是：现在山上的野生动物和河里的鱼虾已远不如从前那么多了，单靠打猎或捕鱼为生是活不下去的。对此，老张还有自己的诠释：比如说，我们几个人上山一个星期，打回来一头猎物，村民会聚到一起庆贺一番，但热闹一餐之后，所剩无几，好几个人辛苦多日，消耗了大量粮食，得到的回报却是十分有限的，得不偿失。长此以往，必然造成家庭生活的拮据。

光阴似箭，时间如梭，老张与我一别就是十几年。2003年10月，我再次来到老君山。

那次我受命于大自然保护协会，前去帮助和支持中国科学院北京动物研究所开展滇金丝猴长期野外研究工作。那时的老张已年过半百，身体也大不如从前。他得知我的来意后，显得格外兴奋，欣然接受了我们的邀请。

从那之后的几年间，为了协助与支持北京动物研究所任宝平博士的滇金丝猴野外生态行为学的研究工作，老张全身心地投入，每天起早贪黑，亲自带领两位当地年轻村民，一年四季都以山上那简陋的野外营地为家，与那里的滇金丝猴为伍。每天猴群到哪里，他们就奔向哪里。他们的足迹遍布老君山的每一个角落，他们所走过的路程已无法计数。正是他们的努力，保证了整个研究项目的顺利实施，取得了预期的研究成果。

此外，由于他们日复一日地进行长期野外跟踪，使偷猎者没有任何机会下手，猴群的发展也趋于正常，每年种群增长率达10%以上。根据

2018 年滇金丝猴全境地理分布和种群数量调查结果，现在这群滇金丝猴的数量已达 300 只以上。

同时，这些经历也使得老张成了真正的滇金丝猴生态行为学专家。现在，他已经可以按照要求，每天填写野外调查和观察记录，会看地形图和使用 GPS，还会使用照相机和摄像机拍摄滇金丝猴影像。每当我们在一起聊到这一美丽动物的时候，他总是一往情深，讲上三天三夜也停不下来。为此，他被特聘为正式的滇金丝猴保护巡护员，组建了丽江金丝厂地区滇金丝猴巡护监测管理小组。

现在，老张已经成为我们研究和保护滇金丝猴队伍中的重要成员了。但是"独木不成林"，单凭少数几个"英雄"是不可能拯救全中国的珍稀濒危动物的。因此，我们期待着更多"老张"的出现，还期待着全社会能够更多地关注中国各生物多样性热点地区中猎人群体的生产和生活，科学地、合理地帮助他们解决各种现实的生存困难和危机，有计划地把他们转变成野生动物们的"守护神"。只有实现这种转变，中国的野生动物保护事业才会有群众基础，才能真正成为"希望工程"，茂密的森林才会富有灵气，野生动物的家园才不致成为空空山林。

滇金丝猴的主要食物是当地温性针叶林或混交林中各类高大乔木上所附生的树挂地衣。这些附生地衣对于当地森林的健康状况有着明显的影响，因此滇金丝猴的存在有助于原始森林健康状况的改善。

第五章

选定长期观察营地

为了能长期在野外对滇金丝猴群进行深入的生态行为学研究，我在白马雪山自然保护区内建立了崩热贡嘎营地。这里的海拔高度达 4300 米，到最近的公路也需要步行 3 天。是我故意来此"锻炼"呢？还是因为这是唯一的选择？

一·独闯白马雪山

又一次回到熟悉的白马雪山，但这次我是独自前来深山探宝的。尽管我在这里有许多朋友，但所面临的挑战将是空前的。

1990 年 10 月，我再次来到白马雪山自然保护区，打算在保护区内进行为期一个月的野外工作，目的是选定一个长期跟踪观察滇金丝猴群的地点。

早在 1989 年，美国加州大学戴维斯分校的一位博士研究生就向我提出，想与我合作进行滇金丝猴生态行为学的长期野外研究工作。

其实，从一开始进行滇金丝猴的野外调查工作起，我就在计划着选择一个较为合适的猴群，以便对它们进行长期的野外观察。经过 3 年的野外调查工作，我已经基本查清各猴群的具体地理位置，对各猴群的数量也有了一个初步的估计。然而，多数猴群都不具备进行长期观察研究的条件。比如，云龙县与兰坪县交界的龙马山上的猴群，数量太少，不利于跟踪观察，而且周围群众肆意砍伐森林和偷猎的行为也不太容易控制。丽江县与兰坪县交界的金丝厂山上的猴群，数量虽然不算少，但其主要活动地带内的林下竹林太密，不利于研究人员对猴群的跟踪。西藏芒康县红拉山上的小昌都猴群，虽说群体较大，其栖息地内林下也比较空旷，有利于研究人员跟踪猴群，但由于地域的行政隶属关系，我们在那里工作起来也不太方便。此外，我认为在保护区外长期研究滇金丝猴群的风险太大——保护区内虽然也有偷猎现象，但总不至于像保护区外那么频繁和肆无忌惮。虽然和外国人合作在保护区内进行野外滇金丝猴的长期研究，对我来说实在是麻烦多多，但经过再三思考，我还是打算把滇金丝猴的长期研究工作点放在白马雪山自然保护区内。

白马雪山自然保护区是世界上唯一的以滇金丝猴为主要保护对象的国家级自然保护区，位于云南省西北部的迪庆藏族自治州内。根据我们后来的调查资料，有 6 个滇金丝猴群在这一保护区内及其边缘地带活动，因而它是滇金丝猴群分布最为集中的地区。

我十分熟悉这个保护区，曾于 1985 和 1986 两年间，长期蹲点在这里从事冬虫夏草的人工培育工作，所以和保护区管理局的大多数工作人员已经混得很熟了。

一到保护区管理局，我马上去找局长董德福。老董是 1963 年就来德钦工作的一位汉族干部，因长期从事林业工作，雪山上的风霜早已把他变成了一位地道的德钦人。他为人真诚、待人和气，也是我过去在德钦工作时的故交。

我跟老董寒暄了几句之后就直截了当地把这次的意图向他摆了出来。老董当即表示十分乐意与我合作在保护区内进行滇金丝猴的长期生态行为学研究，并征求我的具体意见。我提出：请老董先委派保护区管理局的技术骨干忠泰次里协助我上山去选定观察地点，待这一地点定出来以后正式开展国际合作项目时，我再考虑是否需要管理局增派人手协助工作。对此，老董满口答应下来，马上叫来忠泰次里，与我一道商量上山选点的具体事宜。

其实，忠泰次里与我早就是朋友了。1987 年底，他曾陪同我到他的家乡——德钦县佛山乡巴美村调查那里的一个滇金丝猴群。

> 滇金丝猴不惧怕风雪严寒。（余忠华、龙勇诚摄）

忠泰次里为人忠厚、实在，任何事情只要交代给他，你就用不着再去为之担心了。我俩都属羊，但在岁数上，他比我刚好差一轮。我当时已经度过了35个春秋，而他则刚步入青年。他皮肤黝黑，身高一米八，魁梧、壮实，一看就是地道的藏族小伙子。但实际上，他并不是藏族人，而是纳西族人。对此，我还是那次在他的家乡调查滇金丝猴时才知道的。

据说，整个巴美村和与之相邻的西藏盐井乡的村民，基本上都是古代随当时的丽江纳西族首领木天王进军西藏时留下来的后代。他们除了仍保留自己的语言以外，在生活上已全部藏化了，并且每个成年人都能说流利的藏语。此外，他们的名字也全部是藏族名字，如忠泰次里的藏语意思就是叫花子。忠泰次里的爸爸——巴美村的老村长告诉我，在忠泰次里出生之前，他的妻子已一连生了3胎，可惜一个孩子也没带大，所以一生下忠泰次里，就取了这个名字，为的是能把他顺利养大。

经过一番商量，我们认为现在只有两个可选的猴群。一个是义用村后山的猴群，另一个是吾牙普牙村后山的猴群。

> 滇金丝猴的栖息地每年都有半年以上的时间为大雪覆盖。（龙勇诚摄）

> 刚刚成年的雄性滇金丝猴。（龙勇诚摄）

　　根据我们所掌握的资料，义用村附近的这个猴群离公路较近，只需步行一天就可从猴群所在地到达公路。但这个猴群的数量本来就不多，况且，在 1986 年时，又曾因发生高山小毛虫灾害，保护区管理局在无可奈何的情况下，采取了喷洒农药烟雾剂的方法来控制高山小毛虫的蔓延。这一事件导致了这个猴群的许多个体因农药中毒而死亡。当时，义用村的村民还曾捡到多具猴尸和一只行将死亡的老公猴。当忠泰次里赶到义用村时，那只公猴已经死了。忠泰次里将其尸体取回并做成标本，存放在白马雪山保护区管理局的标本存列室里。吾牙普牙村猴群数量比较多，但其栖息地离公路太远，从猴群所在地到最近的公路，至少也得步行 3 天以上。

　　尽管我对选择义用猴群作为长期研究的对象信心不足，但想到如果能把长期研究滇金丝猴的大本营建在离公路较近的地方将会对今后的长期后勤供给带来极大的方便，亦就同意先去试试。

　　滇金丝猴是灵长类动物中海拔分布最高者，终年生活在雪线附近的冷杉林中，以地衣、竹笋、嫩枝等为食，是金丝猴中特化程度最高的一种，也是亚洲疣猴亚科中物种特化之最。这种特殊的生态适应，造成其生态行为极为独特且世人对此知之甚少。所以，研究滇金丝猴对于了解亚洲灵长类的分化和进化具有重要的意义和极高的学术价值。

二 · 第一次选点

在山上奋力搜寻了近两个星期，竟连猴群的影子都没看到，弄得筋疲力尽却一无所获。这种付出与收获不成比例的现象在滇金丝猴的研究历程中屡见不鲜。

与老董谈妥后，我和忠泰次里在德钦集市上购置了一些上山的生活必备物资，就向我们的第一个目标——义用村后山出发了。老董派车把我们送到了离义用村最近的 117 保护所。

117 保护所是白马雪山自然保护区管理局下辖的 3 个保护所之一，位于中甸至德钦的公路旁，距德钦 68 千米，距中甸 117 千米，故称为 117 保护所。

> 刚喝完水的滇金丝猴。（龙勇诚摄）

117 保护所只有六七名工作人员，既没有电，也不通电话，且不与任何村落相邻，全靠一部电台与管理局进行定时联系。职工们长期在这种单调的环境下工作和生活，默默地为祖国的保护事业奉献着自己的青春和生命。他们的胸怀、他们的艰辛，大多数都市里的人是无法体会的。多年来的野外工作，使我有幸到过许多偏僻的保护所，这些保护所职工的工作与生活状况基本大同小异。每次与他们相处，我都会为之感叹，衷心地希望他们的工作能得到全社会的理解与支持。

我和这里的每个工作人员原来就很熟悉,一见面,自然十分亲热。忠泰次里就是管理局的人,与老朋友相见,更有说不完的话。这里有他的一位同龄好朋友,名叫昂翁次称,是副所长。他对人特别热情,又是安排我们的住宿,又是主动与我们商量工作日程。他比忠泰次里个头稍矮,也没那么壮实,但一头的鬈发很有藏族特色。我很快就喜欢上了这个小伙子,心想,如果以后工作上还要增加人手的话,我就向老董点名要他。后来,当我们正式在崩热贡嘎建立滇金丝猴长期野外工作站时,昂翁次称果然成了我们这支滇金丝猴考察队的重要队员。他还亲手拍下了迄今为止最佳的一张滇金丝猴"全家福"照片,为我们的整个滇金丝猴考察工作立下了"不朽的功勋"。

第二天一大早,我就和忠泰次里到山上去勘察即将扎营的地点。我过去虽曾长期在白马雪山蹲点,但从未到过这个地带。好在忠泰次里对这里还比较熟悉,我们经过一整天的勘察,在义用村后山近山顶的地方看中了一个牧棚。

这个牧棚位于冷杉林中的一小片空地上,海拔为4100米。牧棚十分简陋,八尺见方,中间有一个用石头围成的火坑,棚顶和墙用斧劈木板围盖而成。棚外的这片空地大约有1万平方米,周围到处是散乱的树枝,可以收集来作为我们的生活用柴。我对这个营地还比较满意,就和忠泰次里一起顺手把牧棚棚顶和墙上的木板整理了一下,就算是把扎营的地点选定了。

翌日上午,昂翁次称从附近牧场找来了两头犏牛为我们驮运行李。犏牛是当地藏族群众常用的运输工具,力气大,能驮很重的东西,走路很稳,但走得太慢。犏牛一到,我们就开始上驮。忠泰次里和昂翁次称对上驮这事轻车熟路,大家一起动手,很快就打点停当。

我与昂翁次称及保护所的其他工作人员道别后,便同忠泰次里及赶牛的藏族老乡一道向我们昨天选定的营地出发。这位藏族老乡性格十分内向,一路上很少说话,只是偶尔跟忠泰次里说上几句。他们说些什么,我听不懂,但从他们的行为来判断,我估摸着只是一般的扶扶驮物、赶赶牲口之

> 高原湿地。（龙勇诚摄）

类的话。

由于我们只带着两个人的卧具，这位帮我们赶牲口的老乡还必须于当天天黑之前回到他自己的牧场。因此，我们一路上走得很快。在下午 3 点钟左右，我们就到达了昨天选定的营地。

我们把驮子下了以后，就开始做午饭。我请那位藏族老乡帮我们在牧棚周围收集些柴禾，便和忠泰次里一道去取水了。

从这里到水源处还不算太远，空身从牧棚走到水源处需要 8 分钟左右。在白马雪山的滇金丝猴营地，有这样距离的水源，已相当不错了，因为滇金丝猴栖息的地带一般很高，在这样高的地方，水源稀少。特别是在晚秋和冬季，许多夏季还出水的地方现在都干涸了。我们如果住得太低，每天就必须花许多时间来爬山。这样，真正找寻猴群的时间就会相应减少。所以，一般情况下，我宁愿多花力气去背水也不愿住得太低。

有趣的是，我们的取水工具并不是大锅、水桶或脸盆，而是城里人雨天骑自行车用的雨衣和一个我用来装东西的军用防雨背包。这是因为我们在高海拔地区工作要尽可能轻装，多带任何一件物品都会成为累赘。我们这次上山除带足了一个月的食品之外，其他东西尽可能地少带。如炊具，我们只带了一口罗锅和一只铝盆。我是这样考虑的：罗锅可以用来煮饭和打酥油茶，其锅盖可以用来炒菜；铝盆既可用来装菜盛汤，还可用来洗脸洗脚。

我们三人在牧棚里随便吃了一顿，那位藏族老乡就匆匆与我们告别，回他自己的牧场去了。他走了之后，我还一直担心他在天黑之前能否回到自己的牧场。忠泰次里安慰我，这些当地人长年在山上走，对这里的一切都很熟悉，我们根本用不着为他们操心。

老乡走了以后，偌大的原始森林中就只剩下我俩了。好在我俩都是在野外待惯了的人，在这里一点也不会觉得寂寞。况且我们也没闲心去胡思乱想，还得抓紧天黑前的一点时间清点物品、加固牧棚、准备烧柴和整理卧具。

已是 10 月中旬，正值深秋，日短夜长，天黑得很快。大约在下午 6 点钟，天就完全黑了下来。一到晚上，在这海拔 4000 多米的地方，气温马

> 滇金丝猴一般不会让太阳光直射自己的面部和胸部。这主要是因为它的腹毛为白色，吸收太阳光的能力较差。常年生活在高寒地带的滇金丝猴总是以背部吸收太阳的光能，这张迎着光的照片来之不易。（龙勇诚摄）

上降到零度以下。这时，我们已没有别的事可做，唯一可做的和必须要做的就是使自己健康地生活下去。

　　根据我长期野外工作的经验，在这种地方从事野外工作，光维持生活可能就会消耗掉自己三分之二以上的精力。当然，也有一种做法是花钱雇人来照顾我们的生活，而把自己的精力都花在工作上。但我的体会是：你即便有钱，可雇人上山为你工作，但这被雇的人，必须把他的大部分精力用在维持他自己的生活上。就拿背东西这件事说吧，被你雇的人必须携带他自己的行李、食品等，这样就不可能为你带多少东西了。况且，现在的科研经费又严重不足，没钱多雇人。一般来说，从事野外考察的科研人员都会尽量少雇人，一方面是因为雇来的人不可能帮太多的忙；另一方面也是想省钱，尽可能使自己的研究课题多维持一段时间。我在进行滇金丝猴调查时，每次去野外，基本上都是单枪匹马，到山上最多也只雇一个人。这个人主要起向导作用，而在生活的其他方面，我们必须互相分担、互相

> 大公猴总是不动声色地在树冠深处观察着四周发生的一切。（余忠华、龙勇诚摄）

照顾。

　　我们一起动手，很快就把晚饭做好了。因为是刚上山，我们的食物比较丰富，可以多吃一点。我们在山上的第一顿晚餐还算丰盛，有牛干巴、香肠和卷心菜，忠泰次里还喝了几口青稞酒。我是滴酒不沾的，他只能自斟自饮。饭后，我用那唯一的小锅烧了一点热水洗脸洗脚。忠泰次里推说洗脸洗脚之事太麻烦，就免了吧！我劝他不要怕麻烦，还是洗洗好，因为我们待在山上不是一两天，一待可能就是一个月以上，并告诉他哪怕只有一点点热水，能稍稍把脚泡三五分钟，对消除一天的疲劳也很有好处。洗漱完毕，我们就早早地钻进各自的鸭绒睡袋，享受野外生活了。

　　第二天天一亮，我们就起身做饭。早饭后，把锅里剩下的食物装入一个塑料袋内，背在身上当午饭。我们一出去就是一整天，一般要在黄昏前后才能回到营地。这个季节，高山上的牧场已无人放牧，森林里除了我俩外，根本就没有人的踪迹，故我俩出去一整天，这个牧棚内的东西也不会丢失。

由于这种高寒森林能为动物提供的食物相对较贫乏，猴群的活动范围也就相对较大，因而我们每天所搜寻的范围也必须尽可能地大。如果回营地用午餐的话，我们的活动范围就会太小，很难有机会找到猴群。此外，由于滇金丝猴群均处于"与世隔离"的状态，各猴群间几乎没有交流，这样就没有任何群间的声音传递，每个猴群都是"默默"地进行着自身的繁衍生息。这也许是对人类捕猎行为的一种适应，但同时也使我们这些真心为保护它们而来的人很难找到它们。特别是一些群体较小的猴群，更是不易发现。

我们在找寻猴群的过程中，主要是根据猴群留下的粪便来判断它们的踪迹。滇金丝猴的粪便形状特殊，为成串的算盘珠状。其直径一般为两三厘米，可与其栖息地内的其他野生动物或牲口的粪便明显地区分开来。这是我在过去3年找寻滇金丝猴的过程中总结出来的最为可靠的方法。然后，我们再根据粪便的新鲜程度，就可判断猴群在何时到过这一地带。

我们就这样在义用村后山方圆十几千米的范围内仔细地搜寻了两个星期，一直没有找到这个猴群，连新鲜的猴粪也没见到。我估计是这个季节猴群跑出了我们搜寻范围的缘故。忠泰次里也认为这个猴群此时可能在北面靠近叶日保护所的地域内活动。他告诉我他刚到保护区管理局时，就在这个叶日保护所工作，并且干了好几年。他曾在这个季节见过这群猴在附近活动。可是，从我们现在这个营地到那里实在太远。其单边路程，就算是空身行走，也要一天以上。因此，我们必须把营地搬过去。考虑到我们的食物已消耗掉一半，又根据这个猴群在我们已经搜过的这片林子内所留下的粪便分布状况来判断，这一猴群可能因1986年的那次森林灾难，现在的个体数尚未恢复，仍然很少。这样，即便我们能在剩余的两个星期的考察时间内有幸见到这个猴群，这里也很可能最终被证实是不利于对滇金丝猴进行长期跟踪观察研究的。因此，我决定还是转移到吾牙普牙去试试运气。

在野外，搬迁营地可不是件容易的事，因为我们带着那么多吃的和用的东西，搬动起来太困难了。况且，从我们现在这个营地到吾牙普牙后山营地，还有3天的行程。

眼下，最难的还是第一天的行程，即从现在的这个营地到叶日保护所，因为我俩从117保护所上山时是靠两头犏牛把东西驮上来的，而现在我们得把全部东西都压在自己的肩上。当然，我们可以派一个人下山去请马匹，但那样来来回回太费事了，这一天的行程很可能就会耗去3天。我俩最后商定还是自己把东西背到叶日保护所去。

这一天，对于我俩来说实在是太不容易了。我们起了个大早，一面做饭，一面整理东西，并把所有的东西分装成两个背包。忠泰次里对我十分照顾，给我的那个背包只装了不到30千克的东西，而为他自己准备的那个背包则有50多千克。他虽然身高力大，但在高海拔地带背这么重的东西连续走如此远的路程，其难度可想而知。

> 警惕的哨兵。（任宝平摄）

这天黄昏时分，我俩终于到达了叶日。叶日是金沙江边的一个小山村，全村有60余户藏族人家，散布在一条七八千米长的山沟里。叶日保护所坐落在这个村子的中部，是一幢五排四间的两层木楼房，还用围墙围了一个小院坝。当我们走进这个院坝时，真有马拉松运动员跑到终点线的那种感觉。这时，我俩都已疲劳到了极点，再也不能动弹了。扎史其、阿里、西鲁和肖鲁耸等4位管理所的藏族员工一见我们，连忙烧水做饭。我们也像到了家似的，虽疲惫至极，但心情十分轻松、愉快。这4位员工，除西鲁是第一次见面以外，其他都是老熟人。他们一面跟我们聊天，问我们今天从哪儿来，一面试试行李重量。当试到忠泰次里那个背包时，每个人都连连咋舌。

　　滇金丝猴是海拔分布最高的灵长类动物，常年生活在冰川雪线附近的原始高寒暗针叶林之中，有时也会到树线以上（海拔4300～4700米）的低矮灌丛、草甸和流石滩上进行觅食活动，甚至能跨越近千米的高山复合体地带。其栖息地的地表一般能积雪长达半年之久。

三 · 再次上山

虽初战受挫，我仍不失锐气，决定背水一战，再次进入高山密林去寻觅我心爱的滇金丝猴群。

我俩在叶日保护所休整了两天，体力基本恢复后，专程到忠泰次里曾见过猴群的地方考察了一天，想看看在那里是否能找到滇金丝猴的近期活动踪迹，以证明我们在义用村营地所做判断的正确性。我俩果然在这片森林中发现了好多较为新鲜的滇金丝猴粪便。在回叶日保护所的途中，我的心情好极了：一是经过这么久的考察，终于知道义用村这个猴群仍然存在；二是万一我们在吾牙普牙的考察也不顺利，将来还可以再回过头来考察这个猴群。

这天晚上我们仍旧住在叶日保护所。虽然保护所里的生活远比在山上舒适得多，但我的心里十分着急。我此行的目的是找到猴群以确定今后从事长期研究的基地位置，可离开昆明近一个月，上山也有 20 多天了，连猴群的面都还没见上。现在已是 11 月中旬，早已进入晚秋，山上的气温越来越低，大雪随时会封山，我们不能再多耽搁了。在吃晚饭时，我便和忠泰次里商量去吾牙普牙后山考察的事宜。忠泰次里真不错，虽然他的体力尚未完全恢复，但还是同意马上向吾牙普牙前进，并立即到叶日村去找驮行李的马匹。

第二天，我们离开叶日，又走了整整一天，在天黑前来到抗沙。这天的行程虽然很长，但我们觉得并不是太累，因为我们的多数行李都驮在了马背上。

抗沙是叶日村公所下辖的一个自然村，有 30 多户人家。这个村的海拔高度为 3400 米，因天气寒冷，所以一年只能种一季粮食。我们来到这里，是因为以前我就知道这个村里有个名叫柯达次里的人对吾牙普牙后山的这

> 原始森林里的滇金丝猴野外研究基地。（龙勇诚摄）

群滇金丝猴很熟悉。我在 1986 年曾与他有过一面之交，这次想请他上山为我们找猴群当向导。此外，从这里到我们的预定营地希艾底与从吾牙普牙到那里的距离基本一样，都需步行 4 个多小时。

运气还真不错！我们找到柯达次里家时他正好在家。他很客气地把我俩迎进家门，让在上座。

柯达次里是一位地道的藏族中年汉子，能说一口流利的汉语。据后来我对他的了解，他比我年长 6 岁，在 1966 年取消高考前上过中学，还在叶日小学担任过代课老师。此外，他还是一位很虔诚的喇嘛教徒，他家供养着两个喇嘛。

柯达次里的家是一座典型的藏式楼房，整个建筑为冬暖夏凉的土木结构，上下分为 3 层。最下层是用来关牲口的，人住在第二层和第三层；厨房是整座楼内最宽敞的房间，也是最重要的地方，人与人之间的交往活动都在这里进行；火塘边是讲究最多的地方，无论是客人还是自家人，围绕火塘而坐的座位都是有讲究的。

我不知道柯达次里家有着什么样的讲究，但每次我到他家时，上位都留给我了。据我多年对藏区的了解，有一点是可以肯定，所有的藏族人家对来自远方的客人总是特别敬重。

我和柯达次里原来就见过面，彼此间早有一些了解，所以这次一见面我就把话挑明：我们这次来寻找猴群，一定要请他为我们当向导。无论他有多忙，都要陪我上山把猴群找到。柯达次里是全家的主心骨，家里的一切都由他操持。我请求他用一天的时间安排好家里的活计，然后陪我们上山。对此，他很爽快地应承下来。我告诉柯达次里，我们的食物只够3个人吃一个多星期，所以我们必须在一星期内把猴子找到才行。

这天晚上，柯达次里把我和忠泰次里安排在他家的神殿睡觉。藏族人认为，神殿是全家最为圣洁的地方，一般只有贵客才可睡在这里。

第二天，我们把从叶日请来的马和赶马人打发回家，在他家又住了一晚，第三天就和柯达次里一道向希艾底营地进发。我们3人都轻装步行，柯达次里的舅舅赶着4匹为我们驮行李的毛驴。一路之上，我们走得很快，由于身上没有背负任何东西，途中也就不用休息了。我们上午8点出发，正午时分已到达希艾底。

希艾底是当地藏民的一个夏季牧场，位于森林的上限边缘，海拔接近4300米。这里比义用村后山上的那个营地高300米，通常住在这么高的地方可能会感到冷一些，但这里的牧棚比我们义用村后山上的那个要好得多，因为它建在一个向阳且避风的位置上，而且牧棚里还有许多牧民留下来的柴禾。

> 这是一只年长的母猴。（余忠华、龙勇诚摄）

> 雌性滇金丝猴一般没有大的犬齿，它们的牙齿与人类的十分相近。（龙勇诚摄）

把驮子卸下来后，柯达次里就领我去查看这里的水源条件。这是我们每到一个营地后必须做的第一件事，因为它是决定我们能否住在这里的首要条件。

这儿有一口水井，它的出水情况还不错，完全可以满足我们的要求，而且从牧棚到水井只需步行六七分钟。我们先用我的军用背包和雨衣去取水，然后开始做饭，因为柯达次里的舅舅吃完午饭后就得把他们家的毛驴赶回村里。在这个季节毛驴是不能留在寒冷的高山上过夜的，否则它们会被冻死在这里。

下午，我们3人的第一件事就是铺"床"。我们找来一些栗树树叶铺在地上，上面再放个鸭绒睡袋，我们睡觉的"床"就整理好了。因为没有为柯达次里准备睡袋，他只能用从家里带来的被子和毡子。其实他的这一套卧具才是标准的地铺用具，只是太重了。如果需要搬迁营地，就不那么方便了。之后，我们又拾了一些干柴放在牧棚内。最后，我们打了一背包水回来搁置好。在这个季节，白天万里无云，阳光普照大地，气温常常达到10℃；可一到晚上，气温就会降到 -10℃。清晨太阳升起之前，往往是一天中气温最低的时候。这时，水井里的水全都结成了冰，我们在早上是不可能取到水的。

第二天，天一亮我们就起来了。虽起得不算晚，但起床后又花了近两小时才吃完饭，因为我们昨晚取回的水在早晨全结成了冰砣。我们用了很长的时间才把冰砣烤化，这样才能做饭。这个季节日短夜长，早上7点多才天亮，下午5点多就天黑了，白天的时间是很宝贵的。如此一来，我们找猴子的时间就没有剩下多少了。经过这个教训，我们决定每天的早饭在头一天晚上就做好，第二天早晨只需把锅里的饭烤热就可以吃了。这样，我们就可多赢得些工作时间。

> 春季山花烂漫，夏季峰峦叠翠，秋季山色斑斓，冬季银装素裹，这就是白马雪山国家级自然保护区——滇金丝猴的乐园！地球上的滇金丝猴有半数以上生活在这里。保护区成立于1983年，是世界上第一个以保护滇金丝猴为主的自然保护区；1988年经国务院批准升级为国家级自然保护区，现面积为2800多平方千米。这里是世界上生物多样性最为丰富的重要地区之一。

> 滇金丝猴取完食后一般会稍事休息。
（龙勇诚摄）

四·得来全不费"工夫"

原来准备的一个月的食物只能坚持最后 5 天，要想在如此短暂的时间内找到猴群只能靠运气了。我能如此幸运吗？

我们在山上连续搜寻了两天，未发现猴群的踪迹，向导柯达次里也不免焦急起来。我们只剩下五六天的食物了，如果在这几天当中还发现不了猴群，我们这次考察就要以失败而告终了。于是，柯达次里对我说最好是兵分两路，他到尼隆顶那边去找找看，我和忠泰次里继续在附近寻找。

尼隆顶是我们营地北面的一个只有 5 户人家的小山村，从希艾底步行到那儿需五六个小时，所以柯达次里不可能当天赶回营地。他告诉我，要到第二天下午时分才能回来。对此方案，我当然同意，因为我们兵分两路可以增大找到猴群的机会。此外，柯达次里也许还能从那个村子里打听到一些有关猴群的消息。

柯达次里走了以后，我和忠泰次里也随即出发，继续我们的搜寻。我俩在山上差不多转了一整天，仍未发现猴群最近的活动踪迹，只好结束一天的搜寻，准备返回营地。下午 4 点多钟时，我们来到一个叫崩热贡嘎的山脊。这里地处森林的上限边缘，周围已不见森林，全是一二十厘米高的匍匐状石楠灌丛，视野很开阔。我们向四周放眼望去，大片森林尽收眼底。这里离希艾底很近，只有 20 多分钟的路程。早上出发后，我们一直不停地走着，我想就此机会歇息一会儿，同时观察观察周围的森林。

我躺在石楠灌丛上，眼睛盯着山下的大片冷杉林一层层地、有规律地扫视着。突然，在很远的前方，有个小白点跳了一下。我立即敏感地对忠泰次里说："我们这些天到处找滇金丝猴，它们不就在那里吗？！"

"猴群在哪里？"忠泰次里马上问道。

> 大腹便便的大公猴的体重一般是母猴体重的 3 倍以上。(余忠华、龙勇诚摄)

"就在那儿。"我指着刚才小白点跳动的地方答应着。那里离我们大约有四五百米。

"我怎么没看见？"忠泰次里这一问，把我给问住了。我刚才发现小白点跳动的地方现在的确没有任何动静。难道是我刚才看花了眼？这种事情在野外经常发生，我们常常会把风吹动树枝误认为是猴子跳动。一般在此之后的几分钟内发现仍无动静的话，我们就会转向其他方向搜寻，但这次我还是固执地朝那里张望着，希望我刚才并不是看花了眼。

十分钟过去了，二十分钟过去了。我觉得好像又有一个小白点在那里动了一下。"对，就是那儿！忠泰次里，快用望远镜看一下。"我再次向忠泰次里喊道。

这时，我俩的眼睛都在注视着同一个地方。只不过，我用的是肉眼，而忠泰次里用的是望远镜。因为我只有一副双筒望远镜，而忠泰次里的眼睛比我好一些，所以我一般让他使用望远镜。肉眼观察的好处是视野宽，而望远镜则能对准某一点进行仔细观察，对目标加以确认，但要把镜头视野对准目标还是有一定难度的。

又过了十来分钟，我又发现一个白点跳动了一下，接着再闪了一次。"没错，猴群就在那儿！"我兴奋地对忠泰次里喊道。这次我确信，绝不是看花了眼。

"好大的一个猴群呀！"忠泰次里终于将手中的望远镜镜头对准了目标，他兴奋地叫出声来。

又过了几分钟，目标越来越明显，猴群离我们的距离又近了一些，只有300多米了。这时，忠泰次里把望远镜递给了我："猴群确实很大。老龙，你也从望远镜中看看吧！"我从忠泰次里手中接过望远镜，向目标望去。由于目标离我们越来越近，从镜头里找准目标也不显得那么难了，我很快就从望远镜里看到了猴群。从镜头视野里可以看到十几只滇金丝猴站在冷杉树冠上，正在不断地用手往嘴里塞着什么东西。显然，他们是在取食。但吃的东西会是什么呢？这个问题立即在我的脑海里画上了一个大大的问号。

> 在陡峭的群山中搜寻着滇金丝猴群的踪迹。（余忠华摄）

> 滇金丝猴的前、后肢有明确的分工,前肢用来取食,后肢用来跳跃。它们的腿脚远比人类灵活得多。(龙勇诚摄)

　　过了一会儿,猴群移动的速度变缓了,好像有在那里过夜的打算。我看了看手表,时针已快指向 5 点,也就是说,夜幕就要降临了。我转过身来对忠泰次里说道:"我在这里跟踪观察,你先回希艾底去背水做饭。待天黑猴群不移动时,我再回来。"

　　忠泰次里走后,我独自继续观察着。猴群仍在缓慢地移动着,但并没有继续向我这边靠近,与我始终保持着 300 多米的距离。

　　又过了半个小时,眼见天色就要全黑下来了,我看到猴群中的多数个体已"上床"休息了,整个猴群大概也不会再移动了,于是才急忙赶回希艾底营地。

滇金丝猴栖息地内的高大乔木以冷杉和云杉为主，林下灌木主要为杜鹃或杜鹃－竹林混合体。尽管猴群也不时会到别的地带活动，但大面积的原始云杉、冷杉林是滇金丝猴群存在的必然条件，它们必须在原始云杉、冷杉林中过夜。

＞　滇金丝猴面对偷猎者的最后一招就是藏在高高的树冠之中。（龙勇诚摄）

五 · 为猴群点数

终于，我第一次在山上看到了整个滇金丝猴群全貌。它们全部暴露在我的面前，这种机会真是千载难逢！

回到牧棚，忠泰次里已把晚饭和明天的早饭一起煮好了，正在炒菜。今天下午，我俩突然意外地找到了滇金丝猴群，现在的心情真是好极了。我跟忠泰次里商量，我们明天必须在天亮前猴群尚未"起床"时就赶到崩热贡嘎去看望它们，今晚要早早入睡。

第二天，我很早就醒了，打开手电筒一看，手表时针刚指向5点。这会儿离天亮也只剩两个多小时了，干脆起床生火做饭。我这一折腾，忠泰次里也爬了起来。其实，他早就醒了。好不容易才找到猴群，他的心情肯定跟我一样激动，怎能睡得安稳呢！

我俩一齐动手，很快把剩饭热好了。吃过早饭，才6点钟，牧棚外仍是一片星空。我们带上野外工作用具，又把锅里剩下的饭菜装在一个食品袋里作为我们的午饭。走出牧棚，我们像往常一样用木板把牧棚的门封好，这是为了防止牲口进入牧棚内搞乱我们的物品。然后，我们借着手电光，沿着一条林间小道向崩热贡嘎走去。

> 滇金丝猴剥开老树皮找虫子吃，以补充动物蛋白。（龙勇诚摄）

不一会儿，我们就到了昨天的观察点，这时天上仍是满天星斗。我心里真有点后悔，不应该这么早就出来，在牧棚再待上二三十分钟都来得及。但现在后悔已太晚了，既然已出来了，总不可能再回去吧。再说，从这里到牧棚一个来回就得 40 分钟。就这样了，耐心地等候着，看这个猴群何时才会"起床"活动。

在雪山上，一天中最冷的时刻就数天亮前这会儿。记得我前几年在白马雪山冬虫夏草研究基地时，曾用温度自记仪记录到这个季节早晨的最低温度是 −11℃。而现在，我俩所处的位置比我当时所在的研究基地还要高出近 400 米。

我们把鸭绒衣、鸭绒背心及毛衣等所有的御寒衣服都穿在身上了还是感到冷，全身直哆嗦。我俩又不敢生火，因为那样会惊扰到猴群。没办法，我们只好在附近来回走动，靠活动身体来取暖。效果还是不错的，我们终于停止了哆嗦，但这也会消耗掉体内的许多能量——不到中午时分，我们就会感到饥饿，需要吃掉食品袋内冰冷的饭团了。这样，我们可能难以坚持到天黑前看到猴群"上床"休息。

我们在崩热贡嘎一直等到 7 点半，天才放亮。这时，猴群中少数爱早起的个体先起来了。它们开始"原地活动"，一会儿爬到最高的树梢上去，一会儿又跳到周围的其他树枝上。

它们这种活动究竟有什么目的？仅仅是为了"锻炼身体"？还是为了唤醒同伴？或是兼而有之？是否还有别的生物学上的意义？

要回答这样的问题，必须对猴群进行很深入的观察。可惜的是，当时

我们在对这个猴群的观察中，始终也没法对它们做到"使习惯化"，因而未能对这一问题有一个较为深入的了解。但再后来，根据我们数年的观察，终于发现这是一些少年猴的嬉戏展示行为，对于其生活能力的提升确实具有重要的生物学意义。

"使习惯化"是一个科学术语，是指让动物不再对人类存有恐惧心理，而能习惯于人类对它们进行观察。要做到这点，首先得依赖于对它们的保护工作落到实处和其栖息地周边百姓的环保意识的提高，真正实现无人再想伤害它们，才能使猴群对人类不再存有戒备心理。否则，科学家想去接近和细致地了解它们是极不现实的。

世界著名的灵长类行为学家珍妮·古道尔在东非坦桑尼亚的冈比国家公园对黑猩猩的研究之所以能取得一系列十分有价值的科研成果，其首要条件就是做到了让黑猩猩"习惯化"。珍妮·古道尔最初是用大量的香蕉去"感化"黑

> 在树冠中携子穿行如履平地，这是猴妈妈们必须具备的基本生活能力。（龙勇诚摄）

猩猩，令黑猩猩对她不再有畏惧感，进而产生亲近感。这样，她才有机会去接近它们、了解它们。我们可以设想，如果，在那里也有人经常持枪猎杀黑猩猩的话，恐怕我们今天就不会知道珍妮·古道尔和她那些有关黑猩猩的故事了。

由此看来，黑猩猩的处境远比滇金丝猴要好得多，因为当时的珍妮·古道尔很快就找到了一个能系统地开展黑猩猩研究的地方。而当时，我们的这种寻觅才历经近20年，对滇金丝猴的系统行为生态学研究才刚刚进入起步阶段，还不能对滇金丝猴有更深刻的认识。说句心里话，如果有朝一日，我国对滇金丝猴的保护真正落到了实处，滇金丝猴真的很安全了，科学界的许多能人才会更愿意走进它们的生活，与它们交朋友，去探索它们社会内部那些尚不为人类所知的秘密。

几分钟后，整个猴群开始活动了。它们"起床"后的第一件事就是取食。它们在树冠中不停地用手把东西往嘴里塞，这种生活习惯与人类很相似。我们早上起来，洗漱完毕后的第一件事就是吃早点。就连我们在山上考察滇金丝猴时，还是保持着这种习惯。

　　这时，我们与猴群之间仍保持着三四百米的距离，还是不能直接看清它们究竟在吃什么。我们通过前些年的考察，知道在冷杉树枝上只有两种东西：一种是冷杉本身的针叶；另一种就是悬挂在冷杉树枝上的松萝。在考察中我们发现，被猴子折断扔下的冷杉树枝上的针叶很少有被吃掉的痕迹，因此它们吃的不应该是冷杉针叶，极有可能是松萝。这一判断为我们以后的进一步研究所证实，而且我们还发现：滇金丝猴取食松萝的时间占其全部取食时间的90%左右。

　　松萝是一种寄生在冷杉树冠上的地衣类菌物，靠吸取冷杉的营养而得以生存。冷杉上的松萝太多了，就会影响冷杉的生长。如果滇金丝猴吃的真是松萝的话，那么，它们和冷杉就完全是一种共生互惠的关系，即冷杉

> 这是一只怀抱幼猴的雌性滇金丝猴。（龙勇诚摄）

既能为它们提供食物又能提供隐蔽场所，而它们则能为冷杉除去寄生在其树冠上过多的松萝，使冷杉得以健康生长。

滇金丝猴与冷杉林的这种关系真是太妙了！难怪我在考察中发现滇金丝猴群总是生活在有冷杉林的地方，迄今为止无一例外，所以我在以前的考察报告中就曾下过这样的结论：滇金丝猴只存在于有冷杉林的地方，但当时我并未能对此现象给予恰当的解释。

做过动物行为学研究的人都知道"食物决定一切"这句话。因为对于野生动物来说，觅食是其生命活动中最为重要的一部分，而其他的所有生命活动基本上都是围绕着觅食活动进行的。大型灵长类动物主要有 3 种食性，即果食、叶食和杂食。然而滇金丝猴的食性与其他灵长类动物完全不同，既非果食，也不是叶食，更不是杂食。它们在食物上的特殊性必然会造成其行为和生态特性上的一系列独特性。我敢预言，随着今后对滇金丝猴的深入研究，动物学家们必将在灵长类行为生态学上有重大发现。

> 一望无际的冷杉林海。（龙勇诚摄）

又过了一会儿，猴群开始缓缓移动了。显然它们还未发现我们，正在向我们这个方向移动。由于我们之间隔着一条深沟，它们在向我们的方向移动的过程中也就不断向下面的深沟靠近。为了便于观察，我们也向下面移动。最后，我们在下面的深沟两侧会合了。

　　我们与猴群之间只隔着一条深沟，相距六七十米。我们躲在沟这面的大树后面，希望在猴群越过这条深沟时对它们计数，以估计这个猴群的大致数量，同时开始用照相机对它们进行拍摄。没想到照相机快门那轻微的声音竟然立即引起了滇金丝猴的注意。一只大公猴站在树冠上，开始用目光向我们这边搜寻。我们从树后伸出头，一动不动地注视着它的行为。我觉得我的目光似乎与它的目光对视了一下，但它并没有发出声音，也没有做出怪异的动作，只是缓缓地往后撤去。我们在原地继续等了一会儿，感觉到整个猴群似乎都在离我们而去。我们被那只大公猴发现了，也许它就是整个猴群的"领路人"。虽然它既没发出声音，也没做任何动作，但它的这种后撤行为显然是向整个猴群表明这里有情况，整个队伍必须改变原定的"行军路线"。

　　整个猴群都不再往我们这个方向过来了，我们也只好往回走，但我们往上爬的速度显然比猴群慢得多。当我们爬回早晨对猴群进行观察的位置时，整个猴群已移到对面山坡的后面去了，我们跟踪而去。

　　很快，我们又跟上了猴群并选好了一个较理想的观察点。这里还是与整个猴群保持着三四百米的距离，可以对整个猴群的活动进行监视，但我们始终无法对它们进行计数。凭感觉判断，这个猴群的数量不少，因为它们活动后所散开的范围直径在 50 米以上。

　　下午 3 点多钟时，柯达次里沿着山间小道从尼隆顶回来了。此时，我们的观察点就在从尼隆顶至希艾底的必经之路上。我们远远地就发现他一边走，一边东张西望。显然，凭着他对滇金丝猴群的敏感，肯定已经发现了它们。走到近处，他才看见我们，并向我们示意猴群就在这儿。我低声告诉他：我们从昨天下午就发现了猴群，并且一直跟踪着它们。

　　我们低声聊了一会儿，柯达次里突然提出："我们该吃午饭了。"这才想起，我们是清晨 5 点多吃的早饭。从那以后到现在，一点东西都还没吃。

先前由于一路追踪猴群，心情太激动以至完全忘记了饥饿。这会儿他一提起"午饭"二字，我马上感到有点饿了。

于是，我们开始享用午餐。这顿午餐特别丰富，除了工作包内的食品袋里还有一些冷饭团外，柯达次里还带来了一大块荞麦饼和一瓶蜂蜜。

吃完午餐，我们发现猴群已完全翻到对面山后去了。为了方便明天的跟踪，我们决定绕到猴群前面去，促使它们再返回这里。

这次我们的运气就没那么好了。因为对面山后多为高大乔木林，我们在林中行进时无法对周围进行观察，不知不觉就走到猴群中间去了。这次是猴子能看见我们，而我们却完全看不见它们，只听到周围这儿也有猴子跳动的声音，那儿也有猴子跳动的声音，就像在做"瞎子摸鱼"的游戏一样。后来，我们好不容易找到一个较理想的观察点，但猴群已完全不在我们的视野里了。

好在根据刚才听到的它们在树上跳动的声音，我们还是能够判断出它们大致的去向。这时，天色已晚，而我们必须在天黑前把猴群的宿营位置找到，否则明天就不好跟踪猴群了。于是，我们只好再次估摸着向它们逼近。

终于，我们在黄昏时分又找到了猴群。此时，它们距离我们只有200多米，正在忙着晚上睡觉前的最后一次采食——这是对它们进行观察的最好时机。不一会儿，天色逐渐暗了下来，许多猴子都为自己找好了睡觉的地方。我们在观察点上对猴群周围的地势进行了最后一次确认，把明天早晨将要对猴群进行观察的位置定好后才返回营地。

回到希艾底时，天已完全黑了下来。我们只好借助手电筒去取水，准备晚饭和明天的早饭。

第二天早晨，当我们来到昨天选好的观察点时，猴群已经"起床"，正在吃"早点"。我们的这个观察点相当不错，居高临下，可以俯瞰下面近1平方千米的一大片冷杉林，猴群在相当长的时间内是不会超出我们的视野的。半天过去了，猴群还是在这片冷杉林中游荡。再这样游荡下去，我们是观察不出什么结果的。尽早弄清这个猴群的大致数量，确定滇金丝猴长期观察点才是我此行的目的。

于是，我们3人开始商量如何才能正确估计出这个猴群的大致数量。柯达次里提出，由他俩到猴群前面去把猴群赶过来，我就有机会对这个猴群进行计数了。我也想不出其他主意，只好采取这个办法。

他俩离开后，我一个人静静地守在这里，耐心地等待着。大约一个小时过去了，我突然看见他俩出现在猴群前边的大石崖上，离猴群特别近，并且没有任何伪装——这肯定会吓着猴群的。果然，整个猴群被吓坏了。它们分成3路平行的纵队，拼命向我这个方向奔来，纵队之间约有三四十米的距离。我当然无法对三路纵队同时计数，于是只好选定中间的一路进行计数。我先数队伍最前面的个体，当它跳过来后，便计数1；当第二个个体再从这点跳过来，我才数2。就这样，经过了六七分钟，我一直数

> 每当危难来临，已经独立活动和取食的幼猴还是会投入母亲的怀抱寻求保护。（余忠华、龙勇诚摄）

到了92。所以，我估计这个猴群可能有近300只个体。这个猴群这么大，当然是一个比较理想的跟踪对象，因为猴群的数量大，就比较容易跟踪，不会很轻易地就被它们甩掉。

从后来对这个猴群的观察结果看，我当时估计的数量偏大了，但这个猴群的数量较大是肯定的。通过这几天的山林穿行，我对这一带的地形地貌也有了较为深刻的认识。这里虽然地形很陡，坡度几乎都在30度以

上，但没有那最令"钻山人"头痛的稠密竹林。其林下灌木也不太密，许多地方都是可以通行的。不过，这里离公路实在是太远了点，大约有 3 天的路程。基地建成后，"给养"的运输方面可能会遇上较大的困难。但这些困难都是可以克服的，能否跟踪上猴群才是长期研究成败的关键所在。于是，我当时就做出决定：以后我们的滇金丝猴长期研究基地就选在这里——崩热贡嘎！

这事定下来后，我此次上山选点的任务就算基本完成了，心中悬着的一块石头终于放了下来。又过了一个多小时，忠泰次里回来了。这时，猴群已经平静下来，继续它们正常的觅食活动。我俩不动声色地继续观察它们的活动，同时还给猴群拍了一些照片。下午，这个猴群的"先头部队"离我们最近时只有五六十米的距离，但由于我携带的照相设备不行，没法拍出理想的照片来。当时，我用的长变焦镜头焦距为 70～300 毫米，而忠泰次里用的仅为 70～210 毫米。我们把镜头拉到底，猴子在镜头中仍显得很小。此外，由于经费有限，我只带了两个胶卷上山，我俩只能一人

> 树挂地衣——松萝。（龙勇诚摄）

用一个。刚见到猴子时，我们赶紧拍照，以为现在不拍以后就没有机会了。可是，当猴群来到离我们只有五六十米的地方时，胶卷已经用完了。我们只好干瞪着双眼，看着猴群在我们面前无拘无束地觅食。

我还想再找机会对这个猴群进行计数，于是就不动声色地跟踪观察着。按理说，猴群是不可能发现我们的。可是，不知怎么回事，就在黄昏即将来临的时候，猴群忽然搞起了一次"急行军"。这可把我们弄得不知所措了——按它们的去向，将会离希艾底越来越远，我们要想在第二天再继续跟踪就困难了。开始时我们还紧跟了一阵，但是越来越跟不上，后来逐渐失去了跟踪目标。

看着猴群远去的大致方向，我仔细地思考了一会儿。我这次上山的主要目的是弄清这个猴群的大致数量和确定一个以后长期进行滇金丝猴研究的营地，这两个目的都已达到。现在已是 11 月下旬，大雪随时都会下下来，这意味着我们随时都会被封在山里。再说，我们即便能追上猴群，要想观察它们，第二天也必须转移营地。没有牲口在身边，要转移营地是十分困难的。此外，我们所剩的食物虽然还可以再坚持两三天，但如果花上一天的时间来搬迁营地，在那最后的一两天内也未必能跟踪上猴群，所以我临时决定这次考察到此为止。不过，这次考察为我们后来在崩热贡嘎建立滇金丝猴长期研究营地以及完成对这个滇金丝猴群生态行为的观察研究奠定了基础。

滇金丝猴除大量采食竹笋、嫩芽等外，还是灵长类动物中食性最特殊者——它们的主要食物为松萝。松萝属于地衣的一种，是藻菌共生体，常大片悬垂于高山针叶林枝干间，少数生于石头上。

第六章

崩热贡嘎的故事

一个美国人在崩热贡嘎住了 18 个月，他是全球第一位将滇金丝猴生态行为学研究作为其博士论文题目的学者。在与他相处的日子里，我们留下了许多美好的回忆。

一·豪华的野外考察

在过去 5 年的滇金丝猴野外考察生涯中，我第一次如此风光、奢侈，竟然会率领着一支以前从未有过的庞大考察队伍穿行在茫茫原始林海之中。而且，考察队伍当中还有一位"老外"。

1992 年 5 月初，一支有着 9 匹骡子和 9 个人的庞大队伍沿着蜿蜒的林中小道在白马雪山北部核心区内逶迤而行。如此豪华的野外考察阵容，对于我过去几年的滇金丝猴野外考察生涯来说，还是"大姑娘坐轿——头一遭"。以前，我在进行滇金丝猴考察时，多为单兵作战，基本上是一两个人背负沉重的大包，艰难而孤独地行进在渺无人烟的荒山野岭之上。而这次，我们的队伍里甚至还出现了一位来自太平洋彼岸的"生面孔"。

这个"生面孔"是一位典型的具有欧洲血统的白人。一米八五的个头，结实粗壮的身体配上合体的野外工作装，显得特别有精神。他名叫柯瑞戈·柯克帕特里克（Craig Kirkpatrick），是来自美国加州大学戴维斯分校人类学系的一位攻读博士学位的研究生。

柯瑞戈早在 1989 年尚未开始就读研究生时就已确定将滇金丝猴的生态行为学研究作为他的博士论文题目，并为此两次飞越太平洋，就滇金丝猴的情况进行调查研究。对于滇金丝猴野外研究的难度，我是深有体会的。每次他和我谈起这事，我总是告

> 母子相依为命。（马晓锋摄）

诚他一定要充分估计到这一工作的难度，而他每次都表示已下定决心与我一起啃这块硬骨头。于是，1992年，我俩一起向世界自然基金会申请到了约4万瑞士法郎的研究经费。这笔经费虽不算多，但对于我的滇金丝猴研究项目来说，真可谓"雪中送炭"。否则，我的研究项目早就维持不下去了。

这次合作研究期限为3年，柯瑞戈准备对我们选定的这个猴群进行为期18个月的野外观察。这是我俩在野外的首次合作，准备在山上先工作2个月试一试。由于我在这段时间还需要继续完成滇金丝猴种群数量的考察任务，所以不能自始至终地与他一道在这一地区并肩工作。我为他安排的当地助手不懂英语，不可能用英语与他交流，所以他还必须有一定的中文表达能力。为此，他还专门学了几个月的中文。现在，他已能说一些简单的句子了，由此足以证明柯瑞戈一定要来研究滇金丝猴的决心。

我们整个队伍的9个人当中，2人是赶马的，2人是为我们修建营地的，考察人员占5人。除柯瑞戈和我之外，白马雪山自然保护区管理局的董局长还专门派来了忠泰次里和昂翁次称两位业务骨干，协助我们完成这

> 考察途中。（龙勇诚摄）

一国际合作研究项目。此外，我还特地邀请了以前曾为我在这一地区考察时带过路的当地人柯达次里当向导。

作为整个项目的组织者，我深感自己的责任重大。为了使这一国际合作的研究项目真正达到预期的成效，早在两年前，我就做了充分的前期调查工作，选定白马雪山自然保护区北缘附近的崩热贡嘎作为我们此次行动的大本营营址。

由于这次我是带着外国朋友到野外工作的，加上所带的物品特别多，因此我特地请求我们研究所派了一部面包车送我们来此。汽车把我们一行4人（柯瑞戈、忠泰次里、昂翁次称和我）送到从奔子栏方向翻越白马雪山后的第一个山隘口的下面，保护局的朋友事先为我们请好的马帮早就在这里等候了。

这里是122道班，海拔高度为3700米左右，离德钦县城63千米，距香格里拉市122千米。以前这里曾有一个养路道班，故称122道班。由于此地海拔高，气候恶劣，冬季待在这里很危险，所以这个道班早在十几年前就撤掉了，可是这个地名却被永久地保存了下来。现在这里虽然只有数间低矮的平房，但由于是奔子栏镇的两个行政村（叶日村和申达村）的交通要塞和物资转运站，因而经常可以看到不少人待在这里。

我们把东西卸下车后，与前来迎接我们的两位赶马人寒暄了几句，就开始装驮子。东西还真不少呢！我们花了半个多小时才把所有的东西装到骡子背上，开始向崩热贡嘎进发。

这是一次长途旅行，从这里到终点需步行3天。虽然路程较远，但我们有这么多骡子驮东西，自然也就不再需要像以前每次从事野外考察那样"负重行军"了。这些当地人第一次陪"老外"上山干活，都有一种新鲜感。因此，一路之上大家兴致颇高。柯瑞戈很快就与大家混熟了。为方便起见，依据他的中文名字，我让大家直接称呼他为"老柯"。一会儿，这个名字就叫开了，大家都觉得这种称呼更为亲切。

第一天，我们翻过一个4300米的隘口，再顺着一条大山沟一直下降了1500米，来到沟底的一个十分秀丽的藏族山村。这里称为容堆，是叶日村公所所在地，白马雪山自然保护区叶日管理站也坐落在村子里。这是我们预定的第一晚的宿营地。这里的海拔仅 2700 米，一幢幢白色藏式小楼点缀在一片翠绿的梯田之中，周围是笔直陡峭的棕色高山，远远望去恰如荒漠中的一片绿洲。

第二天，我们从容堆继续向北前进。当我们爬上容堆北面的一道海拔 3300 米的山梁时，便可以遥望到我们这支队伍的行进终点。它在远处海拔 4300 米的森林线上，从直线距离来看，不过 10 千米左右，似乎可以很快到达。可是我们大家心里都清楚，这段"近在咫尺"的路程还得走上两天。

我们从这道山梁缓缓下坡，最后来到叶日村公所所辖的另一个小山村——东水。这里的海拔高度比容堆还要低，全村的平均海拔大约只有 2400 米。一条清澈见底的小河从村旁流过，河上有两座小桥，由东水前往崩热贡嘎必须经由其中一座才能到达。我在过桥时再次看了看随身带着的海拔表，显示为海拔 2300 米，而崩热贡嘎的高度却在海拔 4300 米以上，所以由此河到我们此次"行军"的终点还必须登高 2000 米左右。眼见天就要黑了，我们只得在抗沙村的季节性临时住房里（海拔 2700 米）歇息了。

> 柯瑞戈在研究基地整理科学数据。（龙勇诚摄）

> 柯瑞戈在野外瞭望远方的滇金丝猴群。（龙勇诚摄）

第三天，我们继续向上攀登。两个多小时后，我们来到抗沙村的白塔庙。我一时兴起，就绕着白塔转了 3 圈，这是当地祈求顺利的方式。其他人见我这般，也纷纷绕白塔转了 3 圈。

不一会儿，我们就到了柯达次里的家门口。他一见我们这支队伍，马上前来把我们迎进家中。我一坐下就开门见山地向他表明：请赶快把家中的活计安排一下，今天就必须和我们一道到崩热贡嘎去住两个多月。此外，还要帮我们在村中请两个强壮劳力上山修建营地。他十分爽快地应承了下来。

我们在柯达次里的家里随便吃了一顿午饭，然后继续向崩热贡嘎进发。从这里开始，我们的队伍又壮大了许多。

又过了近5个小时，我们这支"豪华的考察队伍"终于到达崩热贡嘎。其实，这所谓的崩热贡嘎只是当地牧民上山放牧路上的一个隘口，根本没有任何可供人居住的地方。当地牧民只有在赶着他们的牲口到高山牧场途经此地时，才会偶尔在此露宿一晚。这也就是我们需要请人上来为我们修建一个长期野外研究基地之故。我心里的这个基地其实也就是一个十分简陋的棚舍而已。

我们再次审视一遍崩热贡嘎之后，决定继续向前行进，暂时住在希艾底的牧棚，待我们把崩热贡嘎营地的简易木楞房建好后再搬过来。这也是我们在上山之前早就想好的对策——这里的情况，我在两年前勘察这个猴群时就心中有数了。

这个季节，藏族的牛羊还没有进入高山牧场，所以牧棚暂时还是空着的。牧棚还是与我两年前来此所见的一样，十分简陋。从希艾底到崩热贡嘎步行只需20分钟，所以我们临时在这里住上几天是没有什么大问题的，但眼下的难题是这个牧棚实在是太小了。两年前来此考察时总共3个人，所以这个牧棚完全够用。可是，这次我们有9个人！好在我们还带来了一个临时备用的充气帐篷。考虑到老柯是外国人，又是第一次来到这种偏僻的地方，因此我们决定把带来的唯一的充气帐篷支起来给他专用。当然，我们带来的野外生活与工作所必需的物品也就只好都暂存在这个帐篷里。我们其余8个人都挤在牧棚里面，尽管十分拥挤，总算都能躺得下来。

我们的这支队伍基本上都是些"老野外"。一到目的地，根本用不着我吩咐，大家都自觉地分头去整理睡处、清理水源、捡柴禾、背水、生火、烧水、做饭等。这些活计虽然在平常看起来都是些极为平凡的小事，但在这人烟罕至的荒山野外，却成了我们最基本的生存需求。

当我们把山上生活的这一切都安顿妥当，天色也逐渐暗了下来。我们

> 还不到半岁,滇金丝猴幼猴的 20 颗乳齿就已经全部长齐,可以开始学着啃树皮。(龙勇诚摄)

在山上的第一天就这样过去了。但是对于我们来说,这一天意味深长,它标志着人类对滇金丝猴的野外观察研究将进入一个新的阶段,由过去的那种偶然或随机的观察转变成系统的观察。我们的研究会得到什么结果?我们对这一研究的困难是否已经考虑充分?我也不能做出肯定的回答。山上存在着许多不确定因素,我们只能根据以后工作进展的具体情况随时调整。

滇金丝猴每天有两次取食高峰:第一次在早晨猴群开始活动后的前 2 个小时;第二次是入睡前的 4 个小时。雄性取食时间占每天总时间的一半以上,比雌性要多1倍。这是因为雄性个体远大于雌性个体,所以对食物的需求亦远大于雌性。婴猴一半以上的时间都花在玩耍上,此时其获取营养的主要途径为吸吮母乳。

二 · 初战告捷

　　在过去的几年里，想在野外看到滇金丝猴群是一件很难的事，往往要花去一个月甚至更长的时间。可是当我带着这个美国人上崩热贡嘎时，我们竟然在第一天仅用了几个小时就找到了猴群。

　　高山上的春天总是姗姗来迟。现在虽说已是 5 月中旬，可是在海拔 4300 米的崩热贡嘎高地之上，即便是钻在鸭绒睡袋里，我们仍感到阵阵寒意。天还是蒙蒙亮时，我就被冻得再也睡不着了。

　　经过连续 3 天的行军，每个人都比较疲倦，应该让大家多睡一会儿，而我反正也睡不着了，于是干脆起来生火做饭。

　　或许是大家也早被冷醒了，或许是大家觉得让我这个"老板"早起做这些小事令他们不好意思。我刚起身，棚内的其他人便也陆续起床。

　　这么多人的饭是很难做的，特别是在海拔这么高的地方，似乎连火的威力也因氧气不足而降低了许多。虽然在这里只需不到 90 度，水就能烧开，但烧开水却要比在平原花更多的时间。尽管每个人都主动帮忙，但当大家吃完早饭，已是 9 点多了。

　　这时，太阳已升得很高。我考虑到今天是在山上正式活动的第一天，大家经过前 3 天的长途跋涉一定很累了，特别是老柯来自海平面附近的美国加利福尼亚州戴维斯市，对高海拔环境可能更需一段时间来适应，所以今天的活动不能安排得过于紧张。我让老柯今天先带上他那个 20 ~ 45 倍的单筒望远镜，到山上高处随便走走看看，熟悉一下地形。他走后，其他人的第一件事就是到崩热贡嘎去把营地的具体方案定出来。根据这里的材料和地形，我们最后定出这个简易的木棚为一个长方形的垛木结构，房顶盖木板，长 11 米，宽 4 米，共分 3 个房间——其中一间为厨房，一间为老柯的住房，剩下一间为我们共同的卧室。

> 这里原来是滇金丝猴重要的栖息地，20年前由于森林火灾而毁于一旦。现在，这片土地上还是没有多少生机，足见其生态恢复的难度。（龙勇诚摄）

　　当然，建这么一个木棚是要砍掉许多冷杉树的。在这么高的地方，随便一棵碗口粗的树都需生长100多年。我们为建这么一个简易的木棚就需砍掉数十棵"百岁"冷杉而感到心痛。但这也是没有办法的事，因为要在山上住那么长的时间，一个简易的木棚是必不可少的。这也是我们这些野外工作者常常为之深感矛盾的一件事：有时，我们为了保护事业，需要长期蹲守在深山老林之中；可是，我们在深山老林之中，为了自身的生存，也不得不做出这类自己不愿做的事情。就拿此次对滇金丝猴的长期研究来说吧，单为建此营地，我在上山之前就和白马雪山自然保护区管理局董局长进行过多次磋商。

　　由此，我也深深地体会到：当地人民并非完全不懂得要保护他们自己的家园，只是他们的许多做法也是为了其自身的生存而不得不为之。其实，当地许多山村都有自己的保护周围环境的村规民约，其周围的水源山林常常作为神山而被保护起来，神山范围内的动植物所受的保护等级往往是最高的。可是这类神山的范围往往比较小，并不能从根本上保护山村的安全。

此外，多数山村虽经世代的探索，也没有找出能使村庄持续发展的途径，因而不能保证其自然资源的持续利用，使得人们对柴禾与建材的需求越来越大，村子周围的森林越来越少，水源越来越难找。当村子周围仅剩下神山这一小块森林时，整个村庄也就到了生存危机的最后关头。因此，我认为当地人民迫切需要解决的问题有三个：第一，是否存在一种真正能使当地社区实现自然资源持续利用的可操作途径？第二，如果这种途径存在，如何才能实现？第三，如果这种途径不存在，当地人的出路究竟在何方？

当我们把营地建设事宜都安排妥当后，已经差不多 11 点钟了。虽然这时已近中午，但我们不能再回希艾底去做午饭。在山上做一顿饭需要花费相当多的时间，所以我们在山上是不能一日三餐的。不然的话，除去做饭和吃饭的时间，就没有多少时间来做研究工作了。对此，我们早有准备，在上山之前就已预备了压缩饼干等干粮。我让大家在早餐后每人都带些干粮在身上作为午饭，因为我们的下一顿饭一般要在天黑之后才能吃上。

为我们搭建木棚的 4 位当地藏族老乡开始砍树，其余 4 人兵分两路去寻找滇金丝猴群：忠泰次里和昂翁次称到沙丁帕（附近一山沟名），柯达次里和我到纳雄（附近的另一山沟名）。

两年前来此勘察我们这次野外研究大本营的时候，柯达次里就曾告诉我，纳雄这条山沟是滇金丝猴群时常活动的地方。我当时经过勘察，发现这里是观察滇金丝猴的最好地点。它离崩热贡嘎只有 20 多分钟的步行距离，整个山谷大约有三四平方千米，其形状就像一个巨大的老式藤椅，旁边的山脊犹如扶手。这条山脊之上有许多很好的观察点，从这些观

> 滇金丝猴幼仔时刻不离开母亲。
（任宝平摄）

察点上可以俯瞰整个山谷。

柯达次里和我沿着这条山脊由上往下缓缓而行，慢慢地扫视着整个山谷。我一面走一面寻思：今天是寻找猴群的第一天，以后找猴群的日子还长着呢！只要我们有耐心，总有一天会找到它们的。

我们边走边侧耳细听，整个山谷静极了，连鸟鸣声也很难听到。偌大的原始森林犹如一座空山，这究竟是因为海拔太高，林相单一，以致动物数量稀少，还是由于过度猎杀，或是二者兼而有之？突然，柯达次里轻轻的说话声打断了我的思路。"老龙，你听听，那是什么声音？"我俩马上停了下来，坐在原地静静地细听周围的声音——但什么声音也没有。又过了几分钟，我俩同时隐约听到了一声"喔嘎"。这显然出自一只雄性滇金丝猴的口中，我们不约而同地说道："猴群就在附近！"但此时，我们还没有看到它们，所以还不能判断出猴群的具体方位。声音在山谷里特别容易产生回声环绕的效果，要在这么宽的山谷里单纯根据其隐约的声音就判断出猴群的具体方位还是相当困难的。

我们又继续静听了半个多小时，终于找准了目标——整个猴群就在离我们大约800米外的山谷内。我低头看了看手表，此时才下午两点多钟，也就是说从开始寻找猴群到看到整个猴群，前后总共才用了3个多小时，这在我过去近5年的考察经历中还是第一次。难道这个"老外"的运气有这么好，我们大家都沾了他的光？还是因为我们昨天在抗沙村绕白塔转经的虔诚令上天感动了？但无论怎样，这次我们的运气真是太好了！我和柯达次里不用再满山到处寻觅，可以坐在原地对这个猴群进行观察了。

世界上有的事情并非像人们所想象的那样，一个人的工作成效越大就证明他所付出的力气越多。如我们这样的野外工作，其实最累的时候就是看不到猴群的时候。因为看不到猴群，只得拼命地到处去寻找。而当我们能看到猴群时，就可以静候在原地观察它们的行动。这样，反而会轻松许多。今天，我和柯达次里很快就找到了猴群，所以我俩就不会感到特别累；而忠泰次里和昂翁次称两人今天就不可能遇上猴群了，他们今天肯定会比我们累得多。

事情并不永远都是如人所愿的。我们外出寻找猴群时，总是希望能迅速找到它们，但有时就是找不到，整个猴群好像已从这片土地上消失得无影无踪。可就在我们十分沮丧之时，它们常常又突然出现在我们面前。记得后来有一次，也是在崩热贡嘎，我们硬是有足足两个月的时间没有见到这个猴群。当然，问题还是出在我们对这个猴群的活动范围并未全部了解。要把一个猴群的活动范围都了解清楚可不是一件简单的事情。即使跟踪一个猴群一年，也不能掌握其全部活动范围，这是因为滇金丝猴群的活动范围实在是太大了。所以我们每次外出寻找猴群的时候，经常挂在嘴边的一句话就是："这就要看你的运气了！"

滇金丝猴的活动范围特别大是其生态行为学上最为重要的特点之一，这是由它们独特的食性所决定的。我们在后来的观察中发现，普遍存在于高海拔地带森林树枝上的松萝——一种树挂地衣，是它们的主要食物。对于大多数灵长类动物来说，其主要食物一般是阔叶树的枝、叶或果实，而这些东西都有着明显的年周期性。比如，阔叶树一般一年一发芽、一年一换叶或一年一结果，因此，多数灵长类动物的活动范围也就存在着明显的年周期性。这也就是当前所有有关灵长类动物活动范围的研究都需要对它们进行年周期观察的原因。一般说来，我们把动物在一个年周期当中的所有活动地点的全部集合看成是其全部活动范围。可是动物活动范围的这一定义对于滇金丝猴却不适用，因为滇金丝猴的食物——松萝并不存在着这样的年周期生长节律。当松萝被猴子取食后，并不一定在一年后就能全部重新长出并恢复原样，所以滇金丝猴群的活动范围很有可能超出其从前的活动地域。

我们继续观察这个猴群，直到天快黑了，看到它们都在准备"上床"睡觉了，我们才悄然地向心爱的猴群"告别"，向希艾底走去。

当我们回到营地时，已是晚上7点多了。我俩虽然在这一天中仅吃了很少一点干粮，但一点也不感到饥饿。这一方面是因为我们今天的运气实在是出乎意外地好，使我们特别兴奋，因而忘却了饥饿；另一方面，由于很快就遇上了猴群，所以我们体力消耗并不太大，因而也就不会感到饥饿。

第二天，我们就开始对这个猴群进行正式的行为观察记录。我们采取的方法主要是：在一天当中，每一个小时就对整个猴群做一次"扫描"，把猴群中所有可以被观察到的个体的位置和活动记录下来；或者是随机地从望远镜中挑选一个个体，然后对它进行跟踪观察，每一分钟对它的位置和活动做一次记录，直到其从镜头中消失为止。通过这样的记录分析，就可以找出滇金丝猴的一些行为活动规律。我们的第一次观察总共持续了4天，就遇上了一场"春雪"。于是，我们这条跟踪的"尾巴"就这样被猴群给轻易地"甩掉"了。由于我们对这个猴群的活动路线了解甚少，失去跟踪目标之后，这个有着近200只个体的猴群仿佛突然间掉入地缝一样，一下子就消失得干干净净。我们分头连续找了好多天也没把它们再次找回。

后来，我们只好采取"守株待兔"的方法，守在这个山谷里等待猴群的归来。终于，猴群在"失踪"19天后，又回到了这个山谷。从那以后，我们又连续跟踪了它们整整13天。在这段时间里，我们常常可以在一天当中对猴群做14次"扫描"记录，即从每天早晨7点开始对猴群进行第一

> 这只大公猴正在树冠下躲避风雪。（余忠华、龙勇诚摄）

次"扫描"，以后每小时再重复一次，直到晚上 8 点"扫描"最后一次为止。

那次在山上近 2 个月的考察，是我在过去 5 年的滇金丝猴考察生涯中最为顺利的一次，也是在一次考察中见到猴群时间最长的一次。所以，当我们结束这次考察之时，我在心里暗自庆幸：我们所选的这个考察点真不错！这样，通过对这个猴群的长期观察，我们对滇金丝猴的认识必将进一大步。

> 中央电视台滇金丝猴摄制组。（龙勇诚摄）

滇金丝猴每天的时间分配为：取食时间占 39%，休息时间占 35%，运动时间占 10%，其他活动时间占 16%；每天都会在中午 12 点至下午 2 点之间定时午休。

三·大篷车队

如果不是亲眼所见，大概连我自己也很难相信这么一个事实：200 多只滇金丝猴大摇大摆地来到寸草不生的高寒荒漠地带，毫无顾忌地睡在一块块巨石之上，把自己完全暴露在"光天化日"之下。

对于世上大多数人来说，只要谈起猴子或猿，总会联想起茂密的丛林和高大的乔木，很少有人会把它们与荒凉的高寒荒漠联系在一起。

高寒荒漠地带是高原山地的一个特殊地带，是由山顶岩石经过多年的风化后形成的乱石滩。其上部是造型各异、直插云霄的奇峰怪石，下部一般深至高山草甸灌丛带，有时也会直达森林线。其海拔高度一般都在 4600 米以上，举目望去，一片荒凉，寸草不生。如果不是亲眼所见，的确连我自己都难以相信滇金丝猴群会来到如此荒凉的高寒荒漠地带。

这天是 1992 年的端午节。这个时节，中国大多数地方已快进入夏季了，而雪山高原才刚刚脱去冬装，换上春天的颜色。即便是我眼前的这片高寒荒漠地带，也脱去了它那美丽的银装，使其寸草不生的狰狞面目完全暴露在人们的面前。当然，它多数时间还是会感到"害羞"的，常常会"拉来"云雾为其"遮丑"。

此刻的远处，高山草甸灌丛之下的各色杜鹃花开得正艳；更远处的中甸坝子上仿佛还传来一阵阵急促的马蹄声和欢乐的笑声。因为我知道，每年的此刻，迪庆高原上都会有一件盛事：来自全州每一个角落的藏族同胞都会在端午这天会聚在中甸坝子上举行"赛马节"。虽说我在这一地区已连续工作过许多年了，但每次都因为工作，从未亲身体验过这一迪庆高原上每年最为盛大的节日。这不，今年的此刻，我又静静地潜伏在离赛马场 200 余千米的一片高寒荒漠之上，凝神注视着离我大约 200 多米远的一个滇金丝猴群。

这里的海拔高度约为 4700 多米，也就是说，这里已高出这一地区的森林上线 400 米左右。我第一次发现滇金丝猴群会来到如此高的地方，举目向四周环顾，连一棵小草都见不到，不免想起了儿时看过的一部电影——《昆仑山上一棵草》。我在看这部电影时，真没想到自己竟然也有一天会来到与之十分相似的高寒荒漠地带。在这里，如果能见到一棵小草，自然会对它有一种特殊的亲近感，就像我们在外省见到老乡，在外国见到中国人一样。

　　我眼前的这个猴群有 200 多只个体，是一个比较大的滇金丝猴群。在我之前所调查到的总共 13 个滇金丝猴群中，比这个更大的群体不超过 3 个。现在，这整个猴群已全部暴露在我的眼前。在过去 5 年的滇金丝猴考察过程中，我还从未见过这种情景。此时此刻，我们考察组的每一个人都兴奋到了极点！

> 　滇金丝猴栖息地也是地球上杜鹃花分布最为集中的地区之一。每到春暖花开时节，各种杜鹃竞相开放，绵延百里。（张珂摄）

前些天，我们一直是在 1000 米外的观察点上用高倍望远镜跟踪观察这个猴群。平常它们的大多数时光都是在冷杉林中度过的，仅在个别时候会越过一些狭窄的无树地带。可今天上午 9 点多钟，我们突然发现它们向高处进发，超过林线很多，上到高山流石滩地带。

它们为何要远离其赖以栖身的冷杉林来到这高寒荒漠流石滩地带？它们到此的目的是什么？难道也像我们人类的登山者一样，向其体能极限挑战，显示其生存能力吗？它们在这里所能找到的食物又是什么？

带着这些问题，我与观察点上的老柯、昂翁次称和柯达次里略微商量了一下，便和柯达次里一起悄悄地尾随猴群来到高山流石滩上，在离它们仅 200 多米的地方进行更细致的观察。老柯和昂翁次称则留在原观察点，用高倍望远镜继续观察。

起初，猴群对我们两个不速之客的出现似乎有些害怕，不断地回头张望。但不一会儿，它们就显出满不在乎的样子，大概认为：只有它们才称得上是这陡峭山崖地带的"主人"；在这里，人类是无法对它们构成威胁的。尽管如此，它们还是对我俩保持着戒备心理，在取

> 母猴携幼期往往长达一年多，在此期间体力负担十分繁重。(任宝平摄)

食或行走时，不时地向我们这边张望。为了不惊扰猴群，以致影响远在 1000 米以外的老柯他们对这个猴群行为的抽样观察，我们尽量装出一副对它们漠不关心的样子。

我们在猴群刚走过的地方仔细观察，发现它们在这一地带主要剥食生长在石头或石壁上的一种地衣。我也试图剥下一块地衣，却无法办到，我真不知道滇金丝猴们是如何剥下这些地衣的。这一现象再次证明：滇金

丝猴群的主要食物是地衣。平时，它们在林中的主要食物是一种树挂地衣——松萝，而现在它们来到这个高寒荒漠地带，主要取食的还是地衣。这是为什么呢？

地衣是真菌和藻类的复合体。一些研究表明：在维管植物不能生存的地方，地衣的种类往往最丰富。因此，在寒冷的区域，地衣的多样性往往是最高的。而滇金丝猴的栖息地主要在高寒地区，难怪它们会选择地衣作为主要食物。

下午2点多，猴群便三三两两地靠在一起开始它们每天的正常午睡。它们的午睡并不像我们人类一样需要一块平地躺下来，而是七八个相互抱成一堆，垂头而睡。根据我们后来的观察发现，它们在晚上也是以这种方式睡觉的。我猜想，它们的这种睡觉方式可能也是这一物种对当地严寒气候的一种适应吧！它们在睡觉时相互拥抱在一起有助于保持体温，其体内的热量就不会像平躺在地上或树上那样容易散发掉。

食后休息是以植物茎叶为主食的疣猴类动物的显著特征之一，其作用在于让食物在消化道内充分发酵以消化所摄入的纤维素。在动物分类上，滇金丝猴也属于疣猴类，理所当然有午睡的习惯。不过，整个猴群像这样暴露无遗地睡在"光天化日"之下的现象却是我在过去数年的考察当中没有见到过的，这是一种极少有的现象。记得前些天，我们在观察这个猴群时发现：每当它们要横穿哪怕只有几米宽的一小片空旷地带时，都表现得极为谨慎，一般都要在森林边缘徘徊观望半小时后才开始行动。可今天，它们却如此肆无忌惮，有恃无恐。我猜想，它们可能认为这种高山流石滩地带有利于它们活动，在这里可以充分展示它们高超的攀登本领，令其天敌们，如金钱豹、雪豹、黑熊、狼等相形见绌。此外，在这里，它们站得高、看得远，一般情况下，天敌也不容易接近它们。

午睡持续了大约半个多小时，猴群便又开始取食活动，这种现象也是我们以前观察这个猴群时所不曾遇到的。平时，它们每次午睡的时间都在一个小时左右。这也许是因为它们今天的大半个上午都在高山荒漠地带度过，所获得的食物不够多吧！

它们在进行了两个多小时的取食活动后便又再次休息。由此，我们发现它们每次的取食时间大约为 3 个小时。以前，我们之所以没有发现这种现象，是因为当猴群在林中漫游时，我们的观察条件总是极为有限的，每次所能看到的个体最多也不会超过这个猴群总数的三分之一。而这次整个猴群完全暴露在我们眼前，当然就很容易看清它们的活动规律。

下午 5 点半左右，猴群开始向山下的森林地带移动。这时的猴群如同长蛇阵一般，从头至尾有三四百米。整个队形显得十分零乱，有点像马拉松赛跑的阵形一样——一般是五六只一起行进，最多的有十来只聚集成一团，但移动速度却很快。它们在不到 1 小时的时间内就全部重新回到了离开近 8 个小时的森林中，把我和柯达次里孤独地留在荒芜的寒漠之上。

我们也只好返回营地了，但从这里回营地却并非一件易事。我们是尾随着猴群，经过了好几个小时，好不容易才绕到这里来的，而这时天色已晚，如果要从原路回去，时间肯定不够了。于是，我们只好决定重新探出一条回营地的路。这话好说，要实践它可就难了! 举目环顾，在这高山荒漠地带，到处都是石牙林立、峭壁高耸，我们只好慢慢地一步步往回挪动。好在这里视野开阔，我们可以随时调整自己前进的方向，遇上过不去的坎，可及时绕道而行。经过近 2 个小时的艰难攀爬，我俩终于回到了营地。

晚上，每个人的心情都显得异常激动，这是我们这些年来第一次有机会在无任何遮拦的荒漠上长时间地观察整个滇金丝猴群。我们为这次机会所付出的辛勤汗水终于得到了回报。

今天这个猴群活动的情景使我想起多年前曾看过的一部电影——《大篷车》，这个猴群不正是一支特别的"大篷车队"吗? 只不过它们没有车辆和马匹，也没有行李，但整个猴群的确就像吉普赛人的大篷车队一样，总是全群统一行动，生活在一起，昼行夜宿。它们不愿接近人类的村落，也不愿接受人类的任何"施舍"，只希望人类能离它们远一点，使它们能过上一种与世无争的"世外桃源"般的生活。所以，它们只好选择气候如此恶劣的地域来作为栖身之处，然而人类的活动范围却还是不断地向它们延伸而来，使它们的"理想生活"落空。现在，多数滇金丝猴群都已经感到了这种无形的压力：自己熟识的"家园"正在缩小，朝夕相处的"伙伴们"

越来越少。若它们的处境还是得不到人类的同情与怜悯，它们的生存希望将会愈发渺茫。

除了保护滇金丝猴，它们的许多特性也确实值得我们人类去研究和了解。比如说，它们的社会结构在灵长类中就显得极为特别。

一般说来，灵长类动物的社会结构主要有两大类：一类是严格的一夫一妻制的家庭；另一类是多雄多雌的群体结构。

一夫一妻制式的社会结构以长臂猿为典型代表，每个家庭由一个成年雄性个体和一个成年雌性个体及它们的后代所构成。这样每个"父亲"对其所生的后代是清楚的，因而也就对其"子女"的成长负有严格的责任。所以，对于每个"子女"来说，"父亲"和"母亲"这两个概念都是清楚的。这样的社会结构就使得雌性个体和雄性个体在体形差异上越来越不明显，所以长臂猿的雄性个体和雌性个体在体重上基本接近。

多雄多雌群体这种社会结构则以猕猴为代表，每个猴群由多个成年雄性个体和多个成年雌性个体及其后代所构成。它们并不形成严格的"家庭"，就像人类早期的"母系社会"那样。所以，对于每个子女来说，"母亲"的概念是清楚的，而"父亲"这个概念很模糊或者根本就没有。

滇金丝猴的社会结构与灵长类常见的这两类社会结构都不相同。它们的社会基本单元是核心家庭，每个核心家庭由一只公猴和两三只母猴及其 3 岁以下的后代构成。一个猴群就由若干个这样的家庭和一些尚未成家的亚成年或成年猴组成。它们中的每个家庭都十分稳定，全家总是在一起生活，但整个猴群的各个家庭的总体行动却总是有条不紊、步调一致。这种社会结构与吉普赛人的"大篷车队"确实有些类似之处。

> 松萝是滇金丝猴的主要食物。（任宝平摄）

这样的社会结构使多数雄性被排挤在繁殖群之外，于是在雄性个体之间造成了强烈的生殖竞争，因而出现明显的"性二型"，即雄性和雌性个体在体形大小上呈现明显的差异，有时雄性个体会比雌性个体大出一两倍。这一现象在黑猩猩、大猩猩、川金丝猴、黔金丝猴、滇金丝猴的身上都表现得比较典型。

迄今为止，我们也不能准确地说出滇金丝猴的家庭究竟是如何组成的，但我认为它们的家庭并非随意就可组成。也许它们也和我们人类一样，在成家之前需要经过"恋爱"阶段。这种社会结构很脆弱，因为一旦一个家庭受到破坏，便很难重新组成。因而偷猎，特别是围猎，对于滇金丝猴群的打击是极为惨烈的，往往一次就可令猴群元气大伤，两三次就可能导致整个猴群灭绝。

> 滇金丝猴猴群的活动范围相当大，有些猴群的活动范围可达近百平方千米。此外，它们还有极强的地栖性，地上活动的时间占总活动时间的近四分之一，但多数是在裸崖之上。

四·文化差异

　　由于中美间文化的差异，老柯和当地人之间不时会产生一些误会，导致各种冲突，但这也为我们艰难的野外生活增添了一些花絮。

　　雪山，并非总是像许多城里人想象的那样美好，那样富有诗情画意。有时，它不但一点也不可爱，甚至十分令人讨厌。当我们在雪山上进行野外考察工作的时候，挫折和顺利常常难以预料，因为有太多的因素是我们难以控制的。

　　比如说，我们在山上总是希望能有好天气，方便出去跟踪观察猴群。可是雪山的天气却如同娃娃脸一般，说变就变，一会儿下雨，一会儿下冰雹，一会儿下雪，有时还会发生极大的季节变化。在我的记忆中，这里在

> 这只大公猴正在用舌尖舔食树叶上的雪花以解渴。（余忠华、龙勇诚摄）

一年12个月当中的任何一个月都下过铺天盖地的鹅毛大雪。哪怕是晴空万里，只要我们所在的这座山头上有那么几小片云，它们也会突然化成倾盆大雨，迎头浇下。

在这高山之上，淋雨可不是件随便闹着玩的事儿。记得我过去在湖南家乡当知青为生产队进行双抢（抢收早稻和抢种晚稻）时，时常被淋得像只"落汤鸡"，那没什么关系。可在高海拔地区，随便淋一点雨就可能导致感冒，甚至一病不起，严重影响考察工作。

此外，由于猴群的活动范围实在是太大了，为了寻找猴群，我们常常不得不带上好几天的食物，离开营地进行连续几天的长距离搜索。如此这般，在生活上多受点累倒没什么，我们能挺得过来，但最令人烦躁不安的事情还是找不到猴群。

如果说1992年5—6月是我们考察队最幸运的日子，那么1993年5—6月就是最倒霉的日子了。我们自5月中旬上山寻找猴群已一个多月了，每次都是一无所获。面对一次次的扑空，我们十分沮丧，却束手无策，只能尽力再去林中"穿梭"。唉！迄今为止，我们还没有真正掌握这个猴群的活动路径。没法子，运气不好，也就只有多走冤枉路了。

一天，我们这支"搜索队"又一次来到一个叫做羯纫崩顶的地方寻找猴群。根据我们的经验，这里也是这个猴群的一个常驻地。这次，我只留了忠泰次里一人在营地守家。其余4个人——老柯、昂翁次称、柯达次里和我都参加这次"搜索"。这个山谷的地形十分不利于对猴群的观察，即便找到猴群也不容易对它们进行观察记录。要不是因为这么长的时间都看不到猴群，心里着实急了，我可真是宁愿在山谷里守株待兔也不愿来此。我们经过两天的努力，还是找不到任何猴群活动的迹象，而带来的食物又快要耗尽。因此，我只好决定先撤回营地。

为了提高工作效率，我决定在我们返回营地的途中顺便搜索一下猴群。但老柯带着帐篷等较为复杂的生活与工作装备，这样在林中钻来钻去十分困难，而柯达次里是当地人，对这一带的牧场和村民都比较熟悉，于是我就安排柯达次里帮老柯背着装备，并带着老柯沿小路返回营地；我和昂翁次称则穿行于一条大山沟，沿路寻找猴群，最后翻越一个海拔近4700米

的隘口，返回崩热贡嘎。按照计划，我和昂翁次称可在第二天晚上返回营地；而老柯和柯达次里却需要在途中住上两夜，到第三天晚上方能赶回营地。

这条山沟叫那日雄啵，特别宽大，估计面积达 10 平方千米以上。这里也是这个猴群经常光顾的地方。其实，我们早就发现它们常常待在这片原始林中，只是因为这里的地形对猴群的观察不太有利，并且这里的物资运输较崩热贡嘎更不方便，再加上经费的不足，所以我们从未在这条沟中长驻过，每次都只是路过而已。

晚上，我和昂翁次称按计划露宿在那日雄啵沟底的一条溪水边。我们发现，这里还是常有偷猎者活动的，我们睡觉的地方就是偷猎者曾睡过的地方。这是一棵很大的冷杉树，枝叶十分繁茂，再大的暴雨也淋不湿树根。任何人看到这种状况都会明白，为什么森林茂密的地方会清水长流而不会发生泥石流。偷猎者在树根之处垫起的厚厚一层冷杉枝叶成了天然的"席梦思"，我们把随身带来的鸭绒睡袋往上一放，"床"就算铺好了。旁边还有一个偷猎者们生火的地方，我们很快就在那里燃起了一堆篝火。晚上我躺在舒适的"床"上，心里却始终放心不下老柯和柯达次里，这是我第一次把老柯托付给一位当地村民。虽然我对柯达次里的为人比较了解，对他也比较放心，但他俩在语言交流上还是有一定障碍的，并且在文化上的障碍可能会

> 每逢危难降临，大公猴总是挺身而出，担起保护全家的重任。(余忠华、龙勇诚摄)

造成更为严重的后果。想到这里，我真担心他们一路上会弄出什么麻烦事来，后悔自己当初的这种安排。

我们两路人员都按照规定的时间回到了营地，但我在途中的担心果真变成了现实。

一般来说，我们每次外出连续多日长距离地找寻或观察猴群，再重返营地后，每个人都会有一种"回到家中"的感觉，大家见面都会倍感亲切。但这次老柯一见到我就显得十分生气，他用英语向我郑重其事地提出："您一定要把柯达次里'逐出'我们的考察队。其原因有二：第一，他对我十分不尊重，在和你们分手的当天晚上就辱骂了我半个多小时；第二，昨天晚上他非让我吃许多油腻的东西，害得我今天一路上直闹肚子，走路都困难。"

我一听这话就愣住了。从我开始对这个猴群进行考察起，柯达次里就一直跟着我。可以说，他对这个猴群是最熟悉不过的了，而且他是当地唯一的一位既能讲流利的汉语，又熟悉这个猴群以及这里的地形地貌的人。尽管现在忠泰次里和昂翁次称以及我对这里的猴群及其栖息地也逐渐有所了解，但我认为柯达次里还是能为我们的考察工作提供不少便利之处的。再说，我们在此时开除他，也显得"不够朋友"，或者是有一种"过河拆桥"的意思。此外，根据我对柯达次里和老柯的了解，他俩都不是那种很难相处的人，怎么会刚与我分开3天就闹出如此巨大的矛盾来了呢? 这其中一定存在着某种误会。于是，我对老柯说："您别着急，待我先把事情的原委弄明白后，再来商量如何处理这件事情。"

　　听完老柯的叙述，我马上去问柯达次里，老柯和他之间究竟发生了怎么一回事。

　　柯达次里倒是个爽快人。"我承认，"他说，"我在我们分别后的第一个晚上确实与老柯吵了大约40分钟，但那样做自有我的道理。至于老柯今天闹肚子的事，只能怪他自己。"接着，他将这两件事发生的过程讲述了

> 　这只大公猴隐藏在树冠之中观察周围的动静。（龙勇诚摄）

137

一遍。从他俩的口中，我很快便了解了矛盾发生的全过程。

原来，早在我们这支"搜索队"从营地出发的第一天，老柯和柯达次里就曾发生过一次误会，只不过我当时并未对此引起重视而已。这可能就是老柯与柯达次里之间矛盾的开始。

那天，由于急着赶路，我们走得很快。老柯终究是从大洋彼岸的加州大学来的人，在海拔4000多米的地方"急行军"很不适应。我们为了照顾老柯，已把他身上的绝大多数负荷都分担了。特别是柯达次里，更是主动地把老柯的帐篷和睡袋都背负在自己身上，但老柯还是跟不上整个队伍的速度。这时，柯达次里想把老柯身上那个几乎完全空了的背包抢过来背，好让老柯能够走得快一点。这对于中国人来说，完全是出自好意，但老柯却不能接受。当柯达次里硬要抢着为他背包时，他竟认为这是一种侮辱行为，当场就要与柯达次里打架。

> 滇金丝猴有着一雄多雌的家庭结构，故雄猴往往会忽视母猴的某些要求。（余忠华、龙勇诚摄）

当时，我和昂翁次称正在前面一个劲地走着，听到身后的叫声，才转过身来。只见老柯紧紧地抓住柯达次里的两只手，似乎要和他决斗。我转过身来问他俩是怎么回事。老柯对我说道："柯达次里如此小瞧我，我再也受不了，请你马上开除他。"

作为一个中国人，当我明白这是怎么一回事时，肯定不会接受老柯的"无理"要求。于是，我立即向老柯解释，柯达次里抢着帮他背东西完全是一种"热心肠"行为，请他理解柯达次里的好意。

也许是我的英语水平在表达此类富有感情色彩的内容时还是有些欠缺，也可能是东西方在文化上的差异并不是我们所想象的那样容易克服。这显而易见的道理，老柯就是难以理解。但不管怎样，经过我的解释和劝说，老柯似乎明白了些，他那激动的情

> 滇金丝猴母子在地里寻找食物。（任宝平摄）

绪终于控制住了。然后，我又告诉柯达次里，除非老柯明白地表示他需要帮助，我们才可以帮助他。否则，我们的主动帮助不但无助于我们队伍加快前进的步伐，还会影响队伍的团结。

在以后几天的搜索中，他俩没有发生任何矛盾，我也淡忘了这件事，因此当我们兵分两路返回营地时，也就忽视了这一问题的严重性，从而安排柯达次里带着老柯沿小路返回营地。

他们在与我们分手后的第一个晚上就住在当地人的一个牧棚里。一般来说，在山林中走了一天的路，老柯会喝点咖啡或烧点热水洗脚以解乏，可是他们当晚住的牧棚里并没有这种条件。那位藏族老牧人总共只有两口锅，一口用来煮饭，另一口用来炒菜，因而也就没有烧水的容器了。再说，藏民以喝酥油茶为主。对于他们来说，喝水显得并不重要，因此也就忽视了老柯的这种基本生活需求，这就引起了老柯心理上的不满。

当晚，老柯并没有支自己的帐篷，而是将就着睡在那位藏族老人的牧棚里。由于连续几天的林中穿行，身体十分疲惫，老柯在饭后不久就先睡下了。柯达次里由于在山上遇上了熟人，所以话特别多，两人很晚才睡。当柯达次里看到老柯的腿伸在鸭绒被的外面，正为山里的蚊子无偿地提供着"血源"时，他已经把几天前与老柯之间发生不愉快的事全给忘在脑后了，又"多事"地扯过老柯的鸭绒被为他盖好。不想，他的这一举动竟被老柯斥责为企图行窃。

直到现在，我还没有弄清楚老柯当时为何要如此斥责柯达次里。到底是因为他当时正在做梦？还是想借机发泄一下呢？或是中文表达能力上的欠缺？他也许并没想到"行窃"是绝大多数藏族人最为发指的一种罪名。

柯达次里一听便火冒三丈。此时，他又联想起前些天他们之间所发生的不愉快，于是也不管老柯是否听得懂，便开始向老柯数落起来。用中文吵架，当然是柯达次里完全占了上风。40多分钟，柯达次里发泄够了，这才各自歇息。

第二天晚上，他们来到一个叫做尼隆顶的小山村。这个村子真可谓"世外桃源"。它坐落在群山环抱之中，全村仅4户人家，从这里到白马雪山公路隘口大约要走4天。柯达次里的"挑担"就住在这个村子里。在云南，挑担指柯达次里的妻子与这家女主人是姐妹俩。

一进村，柯达次里自然把老柯带进他的挑担家。在如此偏僻的小山村里来了一个外国人，真是一件盛事。这家的男、女主人杀了一只老母鸡，然后把这只鸡用半斤多酥油烧好后，端来给老柯一个人享用。

当地藏民都有这么一种习惯：家庭成员不可分享用来招待客人的家禽

或牲口。

也许是因为好些天都没吃到如此的美味佳肴了,对此,老柯来者不拒,全部笑纳了。可第二天,从一大早开始,老柯就受苦了。昨天晚餐吞食的大量酥油此时全变成了消化道中的润滑剂,令腹中所有食物"一泻千里"。他一路行来一路拉稀,直到回到我们的大本营时,体力已严重透支。怪不得他对柯达次里如此不满,一见面就要我立刻"解雇"他。

听了他俩的叙述,我觉得这件事确实不能怪罪柯达次里。柯达次里完全是出于一片好心,一心想帮助老柯这位"外国贵人",使他工作好、生活好,但结果却适得其反。这也不能全怪老柯,他对中国人的许多风俗习惯了解得不够。如果我一直在他身边的话,有些问题就可以及早沟通,做到防患于未然。这其实是我对工作的安排有误所致。对于造成这样的矛盾,我负有不可推卸的责任。我根本就不应该让他俩单独相处,以致造成这种东西方文化的激烈撞击,使他俩的关系如此紧张。我只好向他俩解释这其中的误会,并说明:我既不应该马上"解雇"柯达次里,也不可能把老柯"赶回"美国去。我们整个队伍应该团结起来,继续把滇金丝猴的研究工作做下去。

这件事情对于我们整个考察队都是一个经验和教训。从那以后，大家都学会了如何与外国人打交道，知道如何迁就对方。虽然在后来的长期相处中，东西方文化的碰撞仍时有发生，但像这样的激烈撞击再也没有发生过了。

老柯在 3 年野外工作中，在山上共住了约 18 个月，分两次进山，第一次 4 个多月，第二次 14 个月，都是为了完成滇金丝猴的年周期跟踪观察与生态行为学研究工作。在这 3 年里，作为整个滇金丝猴科研项目的负责人，我的主要任务是开展滇金丝猴全境种群数量和地理分布调查，常需要独自去大山深处找寻别的猴群。但作为老柯的滇金丝猴野外研究导师，我每年都必须花 3 个月左右陪他，以保障他的研究工作得以顺利完成。

功大不负有心人，在大家的共同努力下，老柯的野外研究工作进展良好。他的博士论文于 1996 年顺利通过答辩，我们还共同在国际重要科学刊物上发表了好几篇学术论文。

> 在整个滇金丝猴分布区内，随纬度升高，可利用栖息地的海拔也迅速升高。两者的叠加影响使滇金丝猴栖息地异质化加剧，即各猴群栖息地的林分差异较大，南部地区的林分相当复杂，其乔木树种可达好几十种，但北部地区的林分则简单得多，其乔木树种仅在十种以内，故各猴群在生态行为上的差异较大。

五 · 枪毙猎狗

一次，我们在保护区内抓到一个偷猎者，但最后只枪毙了他的猎狗。这究竟是为了什么？

滇金丝猴群的活动面积实在是太大了，而我们对它们的活动规律又掌握得很少。所以，我们在山上找寻猴群的过程中，很少是能"满载而归"的，多数时间都只能是乘兴而去、扫兴而回。一天，我们又是兵分两路出去找寻猴群，忠泰次里和昂翁次称走一路，我和柯达次里走另一路。

我和柯达次里由于没有找到猴群的踪迹，当天晚上就返回了营地，可是忠泰次里和昂翁次称当晚并没有回到营地。对此，我虽然有点不放心，但也没有太多的担心，因为他俩是"野外高手"，对这一带的地形也比较熟悉。此外，他俩都有应付各种突发事件的能力，一般说来是不会发生危险的。再说，我们出去时，为了以防万一，每个人身上都带着足够一天食用的食物。也许他俩已经发现了猴群的踪迹，所以顾不上返回营地了。因此，我还寄希望于他们明早能给我们带来好消息。

第二天上午 10 点多钟时，他们果然回到了营地，并且还带回了一个人、两条猎狗和一支猎枪。原来他俩昨天遇上了偷猎者，现在连人带枪和狗都给抓回营地来了。据说，这个偷猎者就是吾牙普牙人，是在山里打獐子而被忠泰次里和昂翁次称逮到的。

忠泰次里和昂翁次称考虑到跟我上山的主要任务是协助我进行滇金丝猴的行为生态学研究的，而眼下猴群还没找到，所以没有那么多时间把这个偷猎者送到叶日保护站去处理——从我们营地到叶日保护站距离非常远，即便空手至少也要走整整一天才能到达。在营地里，他们又一次对这个偷猎人进行了批评与教育，然后写了一张字条，叫他自己把字条连同猎狗和猎枪一起送交到叶日保护站去听候处理。

> 大树下露宿。(龙勇诚摄)

看到他们的这种执法方法，我心里不禁觉得好笑。这种执法方法也只有在这样的地方才能行得通。显然，这里的民风还是十分淳朴的。

说心里话，在山上研究动物行为学的人最讨厌的就是偷猎者，因为我们下了很多功夫让动物们"习惯化"，很可能会因偷猎者们的一次偷猎行为就使我们前功尽弃。

在大山里，要想抓获一个偷猎者也真不容易。记得有一次，也是在离崩热贡嘎不远的地方，老柯、昂翁次称、柯达次里和我正在一个观察点上用望远镜跟踪观察山谷里的滇金丝猴群。可就在那时，山谷里突然响起了一阵阵枪声和猎狗叫声。由于偷猎者总是躲在树底下，我们要想发现他们是很困难的，但我们从望远镜里可以清楚地看到树上那些滇金丝猴在听到枪声后所表现出的惊恐。它们显然明白枪声意味着它们的"兄弟姐妹们"又少了几个。从我们的观察点到谷底，虽然看起来近，但走起来至少要2个小时。为了保证猴群的生命安全，昂翁次称只好站在山崖上大声对谷底的偷猎者进行训斥。谷底的枪声这才停了下来，狗叫声才慢慢退去。可是，我们对谷底的偷猎者却一点办法也没有。最多，也只能是把他们吓退而已。

过了几天，当我下到谷底去巡查时，在谷底的一个山洞里发现了偷猎者留下的一具滇金丝猴的头骨。这表明，当地偷猎者经常猎杀滇金丝猴作为食物，那天我们遇到的偷猎行为就是在偷偷猎杀滇金丝猴。当时，我就发誓：如果能抓到这些偷猎者，一定要杀一儆百，坚决地依法将他们逮捕法办。

> 正在休息的雄性滇金丝猴。（龙勇诚摄）

　　可是当我仔细打量这个被抓到的偷猎者时，我的决心动摇了。他就是叶日行政村的本地人，样子也根本不像我想象的那般残暴、刁蛮，倒显得十分善良和老实，一口一个"是"地承认自己的错误行为并表示一定不再犯。当忠泰次里和昂翁次称要他自己到叶日保护站去报到、听候处理时，他马上就应承下来，只是再三请求保护区能够放回他的狗，说那两条猎狗是从金沙江对岸，即四川那边的朋友处借过来的。看到这一切，我们的心都软了下来，只好答应他的要求，但说这个决定还得由叶日保护站去做，他必须把狗和猎枪都送到保护站去听候处理。

　　当这个偷猎者走后，我问忠泰次里和昂翁次称，难道你们真的相信这些偷猎者会如此听话吗？他们都表示这绝对没有问题，让我放心好了。

　　这件事过后大约一个多星期，保护区管理局局长老董来到我们营地对我们表示慰问，我们向他问起上次所抓的那个偷猎者的处理情况。老董告诉我们，那个偷猎者乖乖地到了叶日保护站。当时，老董正好到叶日保护站视察工作，他们考虑到这个偷猎者家里确实太穷，没法对其进行罚款处理，经过再三考虑，认为猎狗对保护野生动物的阻碍实在是太大了，所以没有同意忠泰次里和昂翁次称请求放回猎狗的建议，而是就地枪毙了那两条猎狗，认为这是给偷猎者的最大警告。听完老董的叙述，我不禁扪心自问：枪毙无辜的猎狗难道就是对付这一地区偷猎者的最佳手段吗？

据我所知，凡猎杀滇金丝猴的目的均不是为了出售赚钱，仅仅是为了吃其肉而已。他们有时做出一些违法的事情来，也只是因一时之错，并非"死不悔改"或"大奸大恶"。只要我们能加以正确引导，并帮助当地人发展生产，使之有别的手段来改善其生活的话，这一地区的偷猎和其他诸如森林资源破坏等问题是不难解决的。但是，如果当地群众的生产和生活困难不能从根本得到解决，这些问题迟早还是会突显出来。

现在，大自然保护协会和世界自然基金会正在合作支持白马雪山国家级自然保护区实施社区自然资源综合管理的项目，总目标为：使白马雪山地区生物多样性得到保护，滇金丝猴栖息地得到有效保护，同时使当地社区经济发展能力得到提高，生活水平得到稳步改善。具体目标为：①使保护区管理局管理能力得到提高；②建立社区共管模式，使项目点村民森林资源管理能力得到提高；③引进农村替代能源技术和房头板替代技术，减少森林资源消耗；④引进各种农村实用技术，使当地森林资源的过度利用得到控制；⑤在当地各村社普及滇金丝猴保护生物学知识，提高当地群众的保护意识。

我个人以为，这才是真正实现这一地区自然资源综合管理的最有效方法，也是使这一地区的森林资源破坏和偷猎行为得到标本兼治的最有效手段。人是需要给出路的，完全不给出路的政策是行不通的。

雌性滇金丝猴在生殖季节的休息时间占其总时间的一半以上，原因是有些雌性个体因刚产仔，身体非常虚弱、疲惫，需要多休息；另一些雌性个体则会在这段时间内花费大量的时间忙前忙后地帮助"产妇"们，需要与之一起休息。

> 滇金丝猴栖息地的古树。（龙勇诚摄）

第七章

追踪老君山滇金丝猴

野生动物实地研究的最大难点就在于发现它们和对它们进行跟踪观察。高科技手段的运用是突破这一难点的根本途径，也是我们这一辈动物学家的梦想和奢望。2003 年 12 月，我们在滇西北老君山上首次运用卫星全球定位技术跟踪滇金丝猴群，进行滇金丝猴行为生态学研究。这次尝试在中国陆生林栖野生动物研究、保护和管理历史上写下了新篇章。

一·晴空霹雳

一个构思精妙的方案，却因一个细小的疏漏导致整个研究工作几乎彻底失败。然而大家齐心协力，终于力挽狂澜。

2004 年 10 月 24 日下午，我乘坐的列车正向东疾驰。我此行是前往湖南省吉首市参加中国动物学会兽类学分会第六届会员代表大会。那里是我父亲的故乡，但我从未去过。小时候家境贫寒，掏不起路费。大学毕业后，又总在奔波，顾不上回故里探访。这次能有此"公私兼顾"的大好机会，心里感觉十分惬意。就在这时，衣袋里的手机传来一阵悦耳的《东方红》乐曲声。一接手机，电话里传来老张那兴奋的声音："老龙，我们终于成功了！我们已经成功地把脱落的 GPS 项圈找回来了。"顿时，一股暖流涌遍我的全身。"什么？什么？你再说一遍！"我简直难以相信自己的耳朵，难道奇迹真的这么快就发生了？老张又重复了一次他刚才说过的话，但这一切都不重要了，我心中一块沉重的石头早在他第一次告诉我好消息之时就已落地。

记得 2004 年国庆长假刚过，我就赶到香格里拉，准备代表大自然保护协会在白马雪山自然保护区管理局开办第一届滇金丝猴全境调查巡护培训班。涉及滇金丝猴保护的主要管理机构都将派人参加这次培训，这次活动也可以说是大自然保护协会滇金丝猴全境保护项目的启动和动员大会。很快，我就见到了第一个来

> 风雪中英武的雄性滇金丝猴。（余忠华、龙勇诚摄）

> 滇金丝猴仅靠单臂就能保持身体平衡。(余忠华、龙勇诚摄)

报到的培训专家任宝平博士。他来自中国科学院动物研究所，是一位年轻有为的灵长类生态行为学研究专家，正负责滇西北老君山金丝厂滇金丝猴群的生态行为学研究工作。本来我想与之寒暄几句，但一见他那紧锁的眉头，已到嘴边的话又咽了回去。他急促地说："龙老师，大事不妙了！我们预计在10月22日回收的GPS项圈于7月28日就突然中止了信号发射。当时我在北京，而在山上的老张也弄不清是咋回事。等我9月份回到老君山后，又花了相当长的一段时间，才明白是GPS项圈没电了。"

这个消息对我来说简直就是晴天霹雳！因为一旦GPS项圈没电，就不会再向外界发送信号，那么它在10月22日自动脱落时，我们就不可能判断出它所在的具体位置，也就不可能下载项圈所记载的有关猴群活动的空间数据。这样一来，浸透着我们数年心血的老君山滇金丝猴研究计划眼看就要泡汤了！

在这个无眠的晚上，我想了许多许多……

1987年的秋天，我还是中国科学院昆明动物研究所的一名助理研究员。当时，研究所交给我的具体任务就是找寻所有现存的滇金丝猴自然种群。为了完成这一任务，我在滇西北和藏东南一带的大山沟里一干就是十年。我当时是凭着中国新一代动物学工作者的责任感和激情，靠着"有条件要上；没有条件，创造条件也要上"的信念，这才挺了过来。

现在回想起来，这种做法还真是值得反思。当今世界科学研究的方法和手段发展迅速，有些我们过去需要多年才能完成的事情，现在借助最新科学手段可能只需要几个星期。所以有些事情，由于时机未到，将之暂时搁置也并非坏事。也许在不久的将来，我们会利用更科学的方法和手段

> 遇到危险，母猴总会用自己的身体护住幼猴。（龙勇诚摄）

"多快好省"地将它顺利完成。

我在完成滇金丝猴地理分布和种群数量调查后，认为对滇金丝猴这个物种来说，我能力范围内的事情就算做完了。如果还要对其进行更深入、更系统的科学研究，也只能是空想而已，因为猴群见人就跑，要想在野外跟踪观察它们简直比登天还难，更别想对它们进行系统的生态行为学研究了。

这些年来，我加入了大自然保护协会，专门负责组织与实施对滇金丝猴的保护行动。于是，我和中国科学院动物研究所的朋友们一道设计出老君山滇金丝猴的行为生态学研究项目。这是针对滇金丝猴实施保护行动最重要的活动之一，其根本目标就是进一步弄清滇金丝猴的保护需求，使我们的保护行动更具针对性，减少盲目性。项目包括五个部分：①建立以地理信息系统（GIS）为基础的老君山地区资源数字化信息管理平台；②给滇金丝猴戴上全球定位（GPS）项圈并通过卫星对其跟踪定位，获取其年周期活动的空间数据；③在现代信息管理平台上对各种空间数据进行集成和分析，从而掌握其活动习性和栖息地利用规律；④对滇金丝猴各现有自然种群进行遗传多样性分析；⑤提出富有针对性的保护对策。中国科学院动物研究所保护生物学研究中心主任魏辅文教授是该项目的负责人，他的学生任宝平博士负责野外生态行为学研究，该中心的李明教授负责遗传多样性研究。

从开始策划到与项目组达成共识，再到组织队伍和筹集经费，我们为之倾注了大量的劳动和心血，整个项目寄托着我们的全部希望。因此，我打心眼里难以接受该科研项目遭受失败，更不愿眼看着即将到手的科研成果就此付诸东流。

二·初战告捷

又是在上山的第一天就找到了猴群，真难以相信会有这么好的运气。我由衷地感谢上苍。

2003年11月下旬的一个夜晚，在老君山上海拔3200多米的一个简陋的木棚里，我和李明教授、任宝平博士、老张兴致勃勃地谈论着当天的野外调查收获。

老张是一位纯朴的当地村民，是我十几年前在老君山调查滇金丝猴时的野外向导。他听说我们的老君山滇金丝猴项目即将上马，十分兴奋，早在我们上山之前就亲手为我们搭建了这所"别墅"。在原始森林中能有这种待遇，真可谓是"五星级"的享受。

老君山地区共有两个滇金丝猴群。我们附近的这个猴群有180多只个体，另一群则有不到50只，离此还有数十千米。

我们此行的目的是要在这个猴群中抓捕2只个体，给其套上GPS项圈，再放回猴群，然后进行跟踪观察。由于这次行动关系重大，除中国科学院动物研究所李明教授和任宝平博士参加外，项目主持人魏辅文教授也亲临现场。

抓捕滇金丝猴需经国家林业局的批准。为此，我们制定了极为严密安全的方案，仅就如何给猴子戴上项圈，我们就制定了三个方案：①用麻醉枪射击，使之麻醉后再

> 漂亮的成年雌性滇金丝猴。
（马晓锋摄）

戴项圈；②先把猴子套住，注射麻醉剂后戴项圈；③套住猴子后不注射麻醉剂就直接戴项圈。我们对每一个方案都做了详细的分析。如果实施第一个方案，猴子中弹后并不会当场麻醉，而是继续活动，我们根本不可能跟得上它，所以无法保证它的生命安全。按照第二个方案，把猴子麻醉后戴上项圈再释放是能保证它的安全的，但我们仍有两个担心：一是麻醉的猴子尚未完全清醒时，若在树冠和悬崖上活动会有一定的安全隐患；二是猴子需要相当长的时间才能完全清醒，这也许会造成它难以返回原猴群，成为独猴，从而不能实现跟踪整个猴群的设想。而实施第三个方案的主要难点是如何才能给威猛强悍的大公猴顺利地戴上项圈。通过反复斟酌，我们最终决定实施第三个方案。

国家林业局对此极为关注，整个抓捕方案的论证和批准过程非常严谨。经过国内许多专家的点评、询问和讨论，前后历时长达半年之久，这个方案才得到正式批准。

已是 11 月了，冬季已经到来，降雪天气随时都会来临。万一山上普降大雪，我们的整个工作将不得不往后推迟半年以上。于是，我建

议大家一面办手续，一面上山做抓捕猴子的前期准备工作。为了提高效率，我们一面上山，一面电话通知一位被当地戏称为"猴王"的著名猎捕滇金丝猴能手蜂志森，请他迅速组织捕猴队伍。

老蜂家远在100多千米以外的维西县攀天阁乡。他是我野外考察滇金丝猴群的第一位向导，过去也曾是当地有名的猎手，早在少年时代就跟随其父上山打猎。自从1987年我和他一道在其家乡考察滇金丝猴以后，他就成了当地的一名正式护猴员。他还有一门绝活，就是可以不伤毫发地活捕到滇金丝猴。据我所知，在整个滇金丝猴分布的地域内，只有他有这个能耐。现在全国所有的笼养滇金丝猴的最早猴源，都是由他亲手捕获的。正是因为这一绝活，他才赢得了"猴王"这一称号。

老蜂在电话里向我保证第二天晚上一定赶到我们的营地。于是，我们今天一早就到山上去找寻猴群的踪迹，为顺利捕猴打下基础。没想到今天实在是太幸运了，上山的第一天居然就发现了猴群。我们不敢惊扰它们，悄悄地折回营地，打算明天把这一好消息告诉老蜂的捕猴队。

一般说来，野外滇金丝猴的出生季为每年的3—5月，前后大约持续两个月。但随着纬度的升高，其出生季会提前并缩短。中国科学院昆明动物研究所向左甫对西藏红拉山国家级自然保护区内的猴群（即地理分布最北端的滇金丝猴群）观察发现：当地2月初即有初生婴猴，而出生季仅持续到3月下旬为止，前后只有一个半月的时间。

三·佩戴项圈

一旦给滇金丝猴戴上 GPS 项圈，就等于让猴群帮咱们把它们的活动路线给精确地绘制出来了，但实现这一目标并非易事！

我们为老君山滇金丝猴群准备的这两个 GPS 项圈都具有自动脱落功能。以前的无线电跟踪项圈没有这种功能，所以动物一旦戴上，要想把这一个体再次抓捕回来进行人工脱圈是根本做不到的。这两个 GPS 项圈，一个只能通过无线电进行跟踪，但它可以每天定时多次记录其地理空间数据，存储在项圈上，工作 10 个月后便自动脱落，必须回收后才能把数据下载下来；另一个具有无线电跟踪和卫星定位两种功能，即定时把项圈所记录的地理空间数据发向卫星，再通过远在法国巴黎的地面卫星信息服务系统接收并传给我们，而且它可以连续工作 2 年。

无线电遥测技术是国际上进行野生动物生态学研究的先进手段，需要在野生动物身体上佩戴无线电发射器，然后通过接收发射器的信号，追踪动物的生活。该技术是在 20 世纪 50 年代末出现的，在 80 年代首次被引入动物生态学研究领域。20 世纪 90 年代，随着卫星定位技术的不断成熟，无线电遥测技术开始与卫星定位

> 滇金丝猴正在吃地衣。（龙勇诚摄）

> 将老君山上带着 GPS 定位项圈的滇金丝猴放归野外后一年中，我们只拍到这唯一的一张照片。这证明带着项圈的滇金丝猴确实与整个猴群在一起，它的位置就代表了整个猴群所在的位置。（张义军摄）

系统相结合，从而出现了GPS无线电项圈这一新产品。

老蜂和他的捕猴队果然如期到达。他们共有5人，听说猴群就在附近，当然十分高兴。但老蜂他们毕竟不是本地人，人生地不熟，必须先花上好几天时间熟悉这里的地形，方能顺利实施捕猴行动。因而，这一过程不可能在短期内完成。由于李明和我都还有别的工作任务，不可能参与整个捕猴过程，所以第二天一早我们就下山了。这样，具体组织实施捕猴计划的担子自然落到任宝平的肩上。

我离开老君山之后，日子一天天过去了，但顺利抓捕猴子的好消息一直没有传来，我的心也被揪得越来越紧。难道说，老蜂的捕猴经验只在他的家乡有用，来这里就不灵了？也许老蜂已不能再提当年勇……

盼望已久的电话终于在12月20日来了："老龙，您给我的任务已经完成，我们现在已回到家里了。"老蜂一句简短的话顿时让我如释重负。我全身为之一振，老君山滇金丝猴研究计划的第一步已经正式迈出去了。老蜂还是那么朴实，他的这个电话主要是向我报告这个喜讯，并不想在电话里与我多寒暄。没讲几句，他就把电话挂了。我只顾高兴，忘记马上再打个电话回去跟他多聊聊。等我回过神来时，电话那头却找不到他了。我这才记起他家并没有电话，他这是专程跑到离他家很远的地方来打这个电话的。

后来，任宝平向我讲述了这次行动的全过程。

"您和李老师走后，我们马上着手侦察地形，寻找猴群的活动踪迹。同时，我对GPS项圈进行了一些必要的设定和测试（如测试开机和关机、设定自动脱落时间等）。我们于12月1日发现猴群后就远远地跟着，监视它们的动向。那天我们一直跟踪到傍晚时分，看见它们都准备休息了，这才回到营地，打算第二天一早全体人员上山，实施抓捕行动。"

"可是，当我们第二天清晨到达那里时，却发现猴群因受到人类的惊扰，已经逃离了昨天的夜宿点，不知去向。这一突发事件顿时使我们怅然若失，情绪极为沮丧。难道有人故意破坏？然而不管发生什么事情，当务之急是重新寻找猴群。因为GPS项圈已经启动，这样将会白白浪费掉宝贵的电力储蓄。时间在一天天过去，一天，两天，三天……大家每天清晨上山时都满怀希望，幻想今天会有机会见到猴群，但每天傍晚都是无功而返，极端失望。老蜂他们为了尽快完成任务，更是连续风餐露宿，很少回过营地。当时又正值寒冷季节，夜里气温会降到-8℃，其艰苦程度难以想象。经过十几天的地毯式搜索，12月14日下午，我们终于在一个连老张都没去过的沟谷里找到了猴群。从它们所处的地点和以前的活动范围来看，它们的确是受到人类的连续追赶，才来到这样一个陌生的山谷。"

"通过实地考察，我们发现猴群所在地的树林过于茂密，不利于抓捕。大家经过商量，决定把猴群慢慢地围赶到一个树木稀疏、视野相对开阔的地方，这样才可能实施抓捕。于是，我们分散行动，在猴群后面形成扇面包抄阵势，慢慢地向猴群靠拢，故意让它们看到我们。这样，猴群就会按照我们的意图移动。3 天后，即 12 月 17 日，猴群被赶到了一个理想的抓捕地点。老蜂他们立即设好机关，再绕到猴群前面去，把它们往回赶。他们当场就成功地抓到 4 只滇金丝猴，有 3 只成年公猴和 1 只亚成年母猴。当这几只猴子被抓住后，猴群不再远离，而是在离抓捕地点约 300 米远的地方远远地看着这里的活动，不时还有个体发出其特有的警戒声——'喔嘎、喔嘎'。很多个体还在树上走来走去，试图看个究竟，又显得忐忑不安，大概以为人类又在屠杀它们的同伴吧！"

"我们只能给成年公猴佩戴项圈。因为按照国际动物福利法规定，陆生兽类长时间负重不得超过其体重的 3%。我们所定制的项圈重 700 克左右——根据我们对笼养滇金丝猴的了解，成年公猴的体重一般为 20 千克以上，母猴的体重只有 10 多千克。所以，我们不能把项圈戴到母猴身上，因为那样会违反国际动物福利法。"

"事不宜迟，我们马上行动，先放走那只小母猴。那只最大的公猴因个体太大，预制的项圈套不上去，只好将其'松绑'放掉。好在另外两只

> 母猴安然地坐在树干上。（余忠华、龙勇诚摄）

公猴符合要求，我们给它们佩带好 GPS 项圈并检查无误后，随即将它们放走。整个过程前后只用了11分钟，所抓捕到的 4 只猴子都回到了猴群。这时，我们发现该猴群里的许多成员已经在自由觅食了，好像已经忘记了刚才发生的'意外'。我们大家的脸上也露出了久违的笑容！"

滇金丝猴幼仔行为发育过程：
出生第 1 天，前肢能抓紧母猴腹部皮毛，主动吮吸母乳。
出生第 3 天，能自行搔痒，抓挠母猴腹部，探头张望。
出生第 4 天，能往前爬，坐在母猴两脚之间。
出生第 10 天，能离开母体，在离母猴 1 米范围内活动。
出生第 20 天，可独自行走、跳跃、爬行、抓拿东西。
出生第 120 天，活动自如，和其他个体一起玩耍，但受惊后仍会迅速回到母猴怀里。

四 · 雪山寻踪

尽管猴群个体已戴上了 GPS 项圈，但在这林海雪原跟踪猴群仍非易事。这一切并非常人们想象的那样浪漫，那么如诗如画。

> 刚出生不久的婴猴。
（马晓锋摄）

"嘟、嘟、嘟……"

"滇金丝猴就在那里。"听着耳机里传来一串串令人欣慰的声音信号，魏辅文教授右手高举着一个无线电波探测定向天线兴奋地说道："勇诚，我们已经成功了一半！"

顺着定向天线的方向看去，在茫茫的原始冷杉林海中，我看见一条陡峭而深邃的山沟。我从魏辅文教授的手中接过这套无线电探测设备，再次用定向天线对准那条山沟方向，仔细地听了一会儿。"没错！猴群就是在那里，你们再来试试。"

这是 2004 年元月的一个早晨，我和魏辅文、任宝平 3 人站在位于云南西北部老君山的一座山峰最高处，向四周不断瞭望，试图找寻滇金丝猴的踪迹。

猴群个体戴上 GPS 项圈的第二天，卫星系统就不断地向我们报告该猴群的位置。但是，戴项圈的猴子能否正常生活？整个猴群能否继续接纳它们？这些问题关系到我们整个研究计划的成败。因此，我和魏辅文教授再次来到老君山。

我们所处的这座山峰海拔为 3650 米，山顶上有一个大约 10 多平方米的石崖小平台。这是一个天然观景台，站在上面可以鸟瞰群山。这附近好几平方千米的原始冷杉林是滇金丝猴经常活动的地方。

我从怀中掏出无线电对讲机，呼道："老张，老张，你们现在到哪里了？"

"老龙，老龙，我们已经到了格里格勒。"

"老张，猴群就在你们附近，请仔细搜寻。"

老张、老蜂和任宝平昨天就通过无线电定位，知道猴群的大致位置，所以老张和老蜂今早比我们先出发，奔着那个方向而去。他们都是山里人，走得飞快，我们这些城里人根本跟不上。10多年前，由于经常在野外跑来跑去，我是能跟上老张的。但最近几年待在办公室的时间多了，体能明显下降，再也不可能跟上这些大山里的朋友了。

> 巨大的红豆杉树。（龙勇诚摄）

又过去了一个小时，对讲机里传来了老张的声音："老龙，猴群就在格里格勒。"

格里格勒就是我们前方的那条深沟。格里格勒是傈僳语，意思是"陡峭无比的地方"。

我心中嘀咕道：看来我们今天只能听到猴子们的声音，要想亲眼见到猴群是不可能的了。

对于那条山沟，我再熟悉不过了，都记不清在那里曾经走过多少遍。记得1989年的春天，我第一次到老君山上找寻滇金丝猴时，曾在山上待了5个月，那里的每一寸土地几乎都留下了我的脚印。那时，这条山沟就是猴群活动最频繁的地方，也是我当年走得最多的地方。这里山势奇陡无比，云冷杉林高大挺拔，高度多在 40 米左右，且树冠浓密。这是滇金丝猴最理想的栖息地，不仅能为猴群提供丰盛的食物，更能为它们提供庇护场所，以逃避天敌和人类的捕杀。可是，在那一带我实在想不出有什么地方可以对猴群进行直接观察。特别是今天，这表面郁郁葱葱的林海之下，许多地方已经有着 30 多厘米深的积雪，远方的山峦也均已铺上了一层厚厚的白雪。透过眼前那墨绿色的冷杉树冠，我们还是可以看见藏在林下的雪地的。滇金丝猴是高山暗针叶林中的精灵，对此它们当然不在乎。根据我们过去对它们的研究，即便是在冬天，他们也总是生活在远离人类干扰的高山之巅。对于它们，人类的猎杀远比寒冷的冰雪可怕得多。它们可以靠自己身上的高质量的"裘皮大衣"来抵御寒冷；而面对人类的猎杀，它们只能束手无策，避而远之。它们可以在树上飞来跃去，可我们这群来自城里的人们，要想在积雪的林中穿行并赶上猴群，简直就是一个不可能实现的神话。

万般无奈，我只好长叹一声说道："辅文，我们今天就此收工吧。这趟山没白爬，已经证实这两个 GPS 项圈佩戴者都还正常地生活在猴群中间，我们今后这一两年的 GPS 跟踪有保障了。当然，我们今天也看到了，即便是用 GPS 无线电跟踪技术，在野外观察研究滇金丝猴仍有相当的难度。还请您多体谅宝平在山上工作的难处，尽可能多地给他一些关心、支持和鼓励。"

接着我又通过对讲机，告诉老张此次行动的目的已经达到，我们不打算继续前进，并请他们也赶快回到营地，停止这次在雪山林海深处的探险行动，以免发生任何不测。

> 树干上的地衣是滇金丝猴喜爱的食物。
（龙勇诚摄）

> 滇金丝猴可以短时间站起来行走。
（余忠华、龙勇诚摄）

滇金丝猴种群数量及地理分布：

云南白马雪山国家级自然保护区位于云南德钦和维西两县境内，共有6个猴群，占滇金丝猴全部自然种群数量的60%以上，估计个体数量近3000只。

西藏芒康滇金丝猴国家级自然保护区位于西藏芒康县境内，有3个猴群，估计个体数量为300多只。

云南云岭省级自然保护区位于云南兰坪县境内，有2个猴群完全在区内，估计个体数量不到200只。

云南云龙天池国家级自然保护区位于云南云龙县境内，仅其北片龙马山上有1个猴群游走在该保护区及其北面的云南云岭省级自然保护区之间，估计个体数量不到100只。

云南玉龙纳西族自治县林业和草原局所辖地内的老君山有2个猴群，估计个体数量为200只左右。

云南德钦县林业和草原局所辖地内的察里雪山有1个猴群，估计个体数量为50只左右。

五 · 林海捞针

"就是大海捞针，我们也要设法把 GPS 项圈给找回来。"有了这句豪言壮语，再加上脚踏实地的团结奋战，命运之神终于又一次眷顾我们。

自从给猴子带上 GPS 项圈后，任宝平的工作就繁忙起来。不管刮风下雨，他和他的野外研究小组每天都不辞辛劳地跋山涉水，通过无线电定位技术在密林中跟踪观察猴群。他们不时通过电话向魏辅文教授和我汇报工作进展、野外工作中的艰辛以及遇到的各种情况和问题。与此同时，以地理信息系统为基础的老君山地区信息管理平台也初步建立起来，并集成了与生物多样性和社会经济相关的各种信息。所有这一切似乎进展得十分顺利，我们的心情自然也就轻松了下来，认为项目成功理所当然。只需

> 这是一张滇金丝猴卫星跟踪图。绿色表示森林，棕色表示非森林地区。图中红点表示滇金丝猴群曾出现过的位置。该图是根据滇金丝猴佩戴的 GPS 项圈所获取的空间数据绘制的。（邓喜庆绘制）

> 正在休息的雌性滇金丝猴。（龙勇诚摄）

等到 2004 年 10 月 22 日项圈脱落后把它从野外捡回来，将上面存储的猴群所在位置的数据下载下来，在先进的信息系统管理平台上进行数据处理和分析，就可以为这一项目画上一个完整的句号了。可是，真正长期在野外跟踪观察猴群的任宝平的心情却未敢有过些许松懈，他知道回收项圈并非易事。试想一下，我们现在跟踪一群有着近 200 只个体的猴群都这么难，到时要在密林中把一个那么小的 GPS 项圈找回，其难度可想而知。

时间一天天地过去，随着项圈脱落日期的逼近，任宝平的心情也逐渐变得紧张、兴奋、沉重起来。一切都是那么难以把控，他心中仿佛总有一种挥之不去的不祥预感。

果然，意外于 2004 年 7 月 28 日发生了。那天，我们预期在 2004 年 10 月 22 日回收的项圈突然中断发射信号。当这事发生时，任宝平正在北京，而山上的老张等人也不知故障出在哪里。一个月后，任宝平回到山上经过仔细分析才发现是项圈没电了，这是我们始料不及的。原来项圈电池的寿命与气温相关，气温过高或过低都会缩短电池的寿命。任宝平曾做过多年的川金丝猴研究，在定制 GPS 项圈时向供货商提供的气温参数是川金丝猴栖息地的。显然这里的实际气温要比那里低不少，因此项圈电池的电量已全部耗尽。好在自动脱落装置的电池是与之分开的，要到2004年10月22日才会启用。可是，当它自动脱落后，我们怎样才能找到它呢？即便是它能不断发射信号，我们都还担心难以搜寻，找回项圈的希望变得更加渺茫。一些朋友甚至跟我说："老龙，你就不要再想这件事了。这简直就是大海捞针，是根本不可能的事。"

我们不甘心就此放弃。虽然还有一个项圈可以通过卫星跟踪系统继续工作，但我们所获取的数据的研究价值就会大打折扣。因为卫星跟踪项圈常会受陡峭地形或树冠遮挡影响，难以通过卫星准确定位或难以将其地理空间数据传输到卫星上。况且我们原来考虑到需要它连续工作两年，所以它不像那个项圈一样能每天多次记录猴群的地理位置，而是隔天工作一次。这些都是受当前技术发展水平所限制，所以只好为猴群佩戴这两种项圈，以此来弥补两者的不足。

经过反复思考，我认为回收项圈这件事只能成功，不能失败，哪怕只有百分之一的希望，也要尽百分之百的努力去实现。于是，我当面向老张和任宝平说明项圈回收失败的严重后果，并再三请老张他们全力以赴地完成这一艰巨任务。老张事后告诉任宝平他那几天失眠了，其实他并不知道任宝平比他更紧张，压力更大……

> 找回的 GPS 项圈。(龙勇诚摄)

回收项圈的日子越来越近。为了提高回收成功的可能性，任宝平和他的队伍提前半个月就做了充分的准备——安排人手，确定行动策略，商量具体行动步骤，同时加大了对后勤支援的配置力度，保证山上人员的住宿和伙食，直至找到项圈为止。

从 2004 年 10 月 14 日 起，野外工作人员在老张的领导下正式实施项圈回收行动。此时猴群活动的范围比较小，所在的山谷很小，视野也很开阔，所以不需要太多的工作人员。之所以这样做，是以防出现猴群受到惊扰而逃逸等意外。在以后的几天中，全体队员风餐露宿，寸步不离地跟踪猴群，看护猴群。

功夫不负有心人！项圈脱落后，经过多日的紧张搜寻，老张他们于 10 月 24 日那天大功告成。当他们找到项圈时，发现它所在之处没有任何遮挡，特别醒目。老张激动的情绪难以掩饰，立刻拨通了我的电话，向我报告这一喜讯。第二天，任宝平也告诉我他在找回项圈后兴奋得无法入眠。

> 滇金丝猴幼仔。（马晓锋摄）

由于成功回收到的 GPS 项圈已经没电，我们无法直接下载上面所存储的数据，只好把它送回给美国的供货商，请他们帮忙把数据及时传回来，好让我们分析这个滇金丝猴群的空间活动规律，为制定和实施具体而有针对性的保护管理计划提供切实可靠的依据。这是人类历史上第一次获取到滇金丝猴一整年的精确活动路线，它对于解码滇金丝猴生物学与行为学奥秘有着不可替代的作用，其意义重大而深远。

后来，我们通过对这个 GPS 项圈数据的分析和总结，首次精确了解到滇金丝猴群日活动、月活动和季节活动的范围动态规律。这对于滇金丝猴全境保护行动的设计、规划和实施均具指导意义。

第八章

萨马阁的猴群

　　滇金丝猴分布区从南到北长达 400 千米，东西平均宽度也有 40 多千米，总面积为 1.5 万多平方千米。白马雪山国家级自然保护区的面积为 2800 多平方千米，还不到其总面积的五分之一，却有着半数以上的滇金丝猴种群。而这一保护区内的许多滇金丝猴就生活在萨马阁林区东南角那不到 100 平方千米的地方。这其中究竟有何缘由？

一·响古箐观猴

好久没有上山探望滇金丝猴了，心中难免挂念。再次与"红唇一族"为伍，还是那么亲切。

2007年4月下旬的一天中午，山林中一片寂静，周围到处都是30多米高的云南铁杉树。林下杜鹃花开得正艳，许多阔叶树种，如山杨柳、西南桦等，都在竞相绽开万千嫩芽和各色花苞，远处不时传来一声声牛羊的叫唤。要不是眼前这陡峭万分的山体，这里定可成为人们争相而来的休闲之地。

虽然面前数十米处就有着一个地球上现存规模最大的滇金丝猴群——响古箐猴群，我却连一点动静都听不到。其实就在几分钟以前，好几百只滇金丝猴还在林中上蹿下跳地闹个不停。与我同来的当地村民余中华告诉我：这个猴群估计有400多只个体，其中包括30多个家庭群——最大的有15只成员，最小的有5只。到昨天为止，他已数到近40只今年出生的婴猴。现在这400多只猴子已全部进入午睡状态。我们近在咫尺，却连一点声响也听不到，真是出奇地安静。看来滇金丝猴还真是严守午睡纪律的模范！

我静静地陪伴着它们，连打个盹也不敢，生怕一觉醒来就看不见它们的踪影了——这样的事在我过去近20年的滇金丝猴考察过程中十分常见，一点也不奇怪。记得有一次我们在白马雪山北段考察时，

> 这只亚成年滇金丝猴正在专心剥取树皮上的地衣。（龙勇诚摄）

明明看见猴群刚刚爬过远处的山隘口。我们马上回到营地稍稍准备了一下行装，在 3 个小时之后又攀到那个山隘口时，却找不到猴群的踪影了，200 多只滇金丝猴仿佛一下子就全体蒸发了。之后，我们花了整整 5 天的时间才重新找到它们。

前方 30 多米处，一个滇金丝猴的家庭就睡在一棵高大挺拔的云南铁杉树上。这个家庭有一"夫"两"妻"和一双"儿女"。那只大公猴靠着树干垂头而睡，而它的两位"夫人"及一双"儿女"则全部在它下面的一根树枝上相拥而息。

它们睡了一个小时左右，其间有些个体还会不时地在身上挠上一把。也许是感觉到身上痒，也许只是一种习惯而已。

终于，它们都醒了。这时，大公猴起身向另一棵树跳去，但其他家庭成员并未做出任何响应。也许这是因为大公猴并未发出全家出发的信号吧！

它们相互拥抱着，不时向周围打探。我看到其中一只母猴显然是刚产下一仔不久，显得特别劳累，一点也打不起精神来，正全神贯注地低头注视着怀里那只全身均为白色的婴猴。那婴猴也不时地从猴妈妈的腋下探出白色的小脑袋，顽皮地向四下张望。

我注意到这只母猴的右眼已残，另一只眼睛又大又黑，非常突出。我猜想它的右眼也许是不小心被树枝刺瞎的，也许是个体间相互嬉戏打闹所致，但肯定不是天生的残疾，因为它的孩子完全健康，两只小眼睛炯炯有神。我不想继续猜下去，眼下我更关心的是独眼妈妈真有能力养大它的孩子吗？是否有其他的滇金丝猴会帮助它？总之，我真心地希望它的孩子能健康地成长，快乐地生活在这一足有 400 多个成员的猴群当中。

另一只母猴身旁的小猴子 2 岁多，已完全可以独立活动，不再需要太多地依赖妈妈的关心和呵护。这只母猴似乎要年轻一些，因为那位刚刚产仔的母猴个体稍大，毛色也更深——我们在野外估计滇金丝猴的年龄主要就是根据这两个参数。因此，我判断那只独眼母猴应是"正房"，而这位带着小猴子的母猴应该就是这家主人的"偏房"。"偏房"今年尚未生产，但也许很快就会为这个家庭再添一丁，因为现在还只是 4 月下旬，按理说来，猴群的出生季还可持续一个多月，直到6月上旬。再说，它前次生育的小猴子已有2岁多了，也到了该再次生育的时候了。

这位"偏房"似乎很明白独眼母猴现在正需要它的照顾。它不停地围在独眼母猴的身旁，细心地为它理着毛，还不时地亲吻一下它怀中可爱的小婴猴。独眼母猴则心安理得地享受着这一切，似乎觉得自己对家庭的贡献理应得到这种照顾。眼前的这一幕与人类社会太相似了。

理毛活动持续了大约20分钟。这时，那只大公猴在附近转悠了一阵后也回来了。它回到这棵树上后并未采食，也未发出任何声音，而是在树枝间来回踱步，然后便跳往另一棵树上。接着，只见独眼母猴迅速四足起立，它的猴宝宝则用其四肢紧紧地抓住独眼母猴胸腹两侧的毛发，全身紧贴独眼母猴的腹部，做好出发前的准备。独眼母猴快速地踱向另一枝梢，向大

> 照顾老弱病残也是滇金丝猴的美德之一。左边的这只母猴右眼瞎了，估计为外伤所致。它刚产一仔，身体显得非常虚弱。旁边的母猴是这个家庭中的另一位"主妇"，它的孩子至少有2岁了，但今年没有生育，于是便常常帮着这位"残疾妈妈"梳妆和照料其刚出生的婴猴。（龙勇诚摄）

公猴消失的方向跳去。看到它那矫健的跳跃英姿，我立刻感觉宽心多了。看来，我原来对它们母子的担心是有些多余了。只要我们人类不再猎杀野生动物，它们母子完全有能力生活在大地之间。

它们走后，另一对母子也随之疾奔而去，消失在远方。我突然感到又饥又渴，此时才想起今天早上我只在天刚蒙蒙亮时吃过两小片饵块①，喝了一小碗酥油茶，到现在已经不吃不喝近8个小时了，但眼下我还得继续去跟踪猴群，天黑后才能回到营地去大吃一顿。其实，我们这些做动物学研究的人，只要能看到心爱的动物，就是一整天不吃不喝也无所谓。

这一天，我们的滇金丝猴生态行为观察一直持续到下午6点多，直到多数猴子都已爬到高大挺拔的铁杉树上准备夜宿之时，我们才离开。我们还要完成另一项艰巨的任务，即向上攀登500米，才能返回营地。

> 位于云南省迪庆藏族自治州维西傈僳族自治县的塔城镇是当前观赏野外滇金丝猴的最佳地点。那里有世界上最大的两个滇金丝猴群。一群在响古箐，有600多只个体；另一群在格花箐，有400多只个体。这两个猴群都已经历近20年的连续野外跟踪管护，已不再惧怕人类，故可以在较近的距离内观赏。

---

① 云南的传统食品。

二 · 令人棘手的难题

就在这弹丸之地，滇金丝猴数量竟然占到其总数的约四分之一！究竟是何缘由成就这一奇迹？是否真有实现"红唇一族"可持续保护的秘诀？

我这已是第若干次来响古箐观察这里的滇金丝猴群了。目前，响古箐猴群是世界上最大的滇金丝猴群，个体数量达 600 多只。响古箐全村共有 38 户，分上、中、下 3 个自然村。在行政上，响古箐隶属云南省维西傈僳族自治县塔城镇。多年来，当地政府一直在鼓励当地村民对这个猴群及其西边格花箐猴群进行全程跟踪保护，从而为开展滇金丝猴生态旅游奠定基础。

1998 年，在当时维西县林业局局长李琥先生的建议下，响古箐村护猴队成立，开始实施对一个猴群的全程跟踪保护。在后来的十年里，该护猴队的全体成员历尽千辛万苦，在无比陡峭的山林中穿行数十万千米，完全掌握了这个猴群的基本活动规律，真正实现了对它们的全面保护与管理。这个猴群数量增长速度很快，总数又多，这里也自然成为地球上最容易看到滇金丝猴的地方。近年来，国家林业局和云南省的领导们也非常关心滇金丝猴的保护，亲自来到响古箐考察滇金丝猴的生存状况。

这所有的一切都应归功于响古箐护猴队。滇金丝猴保护事业的历史丰碑将永远铭刻他们的名字：余建华、余德清、余希光、余小华、尼玛、余向清、余志光、余忠华和余建军。正是他们的艰辛劳作，才使得这里的"猴丁"越来越旺，野生动物摄影师才有机会把滇金丝猴的倩影抓拍到镜头之中，让全世界人民可以悠然地坐在家中，从电视或画册上欣赏和认知这些可爱的滇金丝猴；国内外朋友才有可能从容地来到这里，实地观赏这些似人般的动物快速地穿行在树梢间的优雅身姿。

护猴队队长余建华每次与我谈到响古箐护猴队，都不禁感慨万千。保护滇金丝猴群的安全，说起来容易，但要真正付诸实践，那可近乎登天

> 滇金丝猴群中亚成年滇金丝猴好奇心最重，总喜欢四处张望。（龙勇诚摄）

之难。这些年来，他们一年四季都巡护在原始高寒森林中，从来没有节假日，甚至中国最隆重的春节，他们都是在冰天雪地的高寒森林中与猴群度过的。他们所付出的巨大努力远远超出常人的想象。余队长告诉我：由于长年超负荷地行进在陡峭的山林之中，护猴队平均每人每月要穿破 3 双胶鞋，单凭这一点就可知他们的劳动强度有多大。我曾与余队长打趣道："长此以往，可能会有一天，山上将到处都是护猴队队员扔掉的破胶鞋。"

　　响古箐护猴队队员们这些年来使这里的滇金丝猴种群总数翻了一番，为滇金丝猴保护事业做出了巨大的贡献。即便他们的待遇并不高，余队长还总是一心想着滇金丝猴群保护的前途。他说："随着岁月的流逝，我的年纪越来越大，总有一天，我将难以继续在山里为滇金丝猴的安全奔波，那时该怎么办？"于是他在几年前把自己在外地打工的小儿子余忠华专门召回到响古箐，继承他所开创的滇金丝猴保护事业。在他的培养下，余忠

> 一个家庭里的幼猴常会嬉戏打闹，有时来自不同家庭的幼猴也会聚在一起。（龙勇诚摄）

华逐渐成长起来，现在已经可以独立上山承担巡护滇金丝猴的任务了。由此可见，老余的胸怀真的是像大海一样宽广。

　　这就是山里人！他们会把唯一的帐篷留给我们这些异乡人，自己却露宿在大树下的火堆旁；他们宁愿让自己冻得瑟瑟发抖，却把唯一的铺盖让给我们这些客人睡；他们宁愿自己渴得嗓子冒烟，也要把唯一的水让给我

们；宁愿自己忍饥挨饿，也要把最后的食物让给我们；尽管待遇微薄，他们也要为自己心中所热爱的事业而不停地奉献。

我这次再上响古箐山林，是专程来了解中国科学院动物研究所在这里进行的滇金丝猴生态行为学研究课题进展情况的。随着岁月的流逝，我的这根滇金丝猴研究接力棒已经交到了下一代研究者的手中。

这是由大自然保护协会主持的中国滇金丝猴全境保护项目中的一项科研课题。该课题主要是对这一地区的两大猴群进行系统的生态行为学研究，从而掌握其确切的保护需求，并根据其需求来帮助白马雪山制定和实施具体的管理方案。

这次陪我一道上山的还有来自中国科学院动物研究所的任宝平博士，他就是该课题的具体负责人。他刚完成在丽江老君山地区滇金丝猴群的研究任务，就马不停蹄地转到了这边。这里有两个猴群，他主要负责对响古箐这个猴群的研究工作；而其西部的格花箐猴群则由一位来自瑞士苏黎世大学的博士研究生高瑞林（Cyril C.Grüter）做具体的研究工作，但仍隶属于中国科学院动物研究所的研究内容之一。

这里的两个猴群是世界上最大的两个滇金丝猴群体。记得我第一次来此调查滇金丝猴时，曾认为这一地区只有一个滇金丝猴群。当时我对猴群个体的数量估计为 200 只以上，其实早有 300 多只了，只不过我没有机

> 响古箐护猴队队员露宿在大树下。（龙勇诚摄）

会对这个猴群进行准确计数而已。那时我把这个猴群称之为戈摩若猴群，现在这个群已经分成了响古箐和格花箐两个猴群，数量比过去增加了一倍多，约占全球滇金丝猴总数的四分之一。这表明，这些年来当地政府的保护工作是卓有成效的。猴子的总数大大地增长了，说明它们的生命安全已得到了极大的保障。因而，我认为全程跟踪保护方法应该是当前保护滇金丝猴最有效的手段之一。

根据我们的野外研究结果，滇金丝猴种群的年出生率可达 10% 以上，有时还会高达 15%。如果彻底杜绝了它们的非正常死亡，其种群数量每十年可增长一倍。2007 年，响古箐和格花箐两个猴群的新生幼猴有 60 只左右，老君山猴群也新添 20 多只。按此推理，我们的滇金丝猴种群个体数量仅这三群就可实现年增近百，即便其成活率为 50%，其繁殖效益仍极为可观。

我们也帮助各基层保护管理机构初步建立了以保护滇金丝猴为主的野生动植物巡护、监测和管理体系及相关激励机制，目的就是希望能真正减少各种野生动物的非自然死亡数量，从而实现从根本上保障滇金丝猴和与

> 群山环抱的塔城生活着约占全球总数四分之一的滇金丝猴。（龙勇诚摄）

之同栖于高寒原始森林中的各种濒危珍稀野生动物的生命安全，这也是我们每一个野生动物保护工作者的最大心愿。辽阔的中国大地，不应只有熙熙攘攘的人群和车水马龙，也应能看到各种生命精灵。

多年来，维西县塔城镇响古箐和格花箐的村民为保护滇金丝猴做出了巨大的贡献，把这里变成了滇金丝猴的真正乐园，使其种群数量翻了一番以上。通过牧猴，即对猴群的全程跟踪保护管理，使世人有机会看到了滇金丝猴那美丽而高雅的面容，大大提高了滇金丝猴的知名度，给滇金丝猴保护事业带来了诸多正面的影响。但长期牧猴也会导致滇金丝猴群生物学特性的改变，从而对其将来的生存能力造成难以预料的负面影响，所以现在有人提出：立即停止"牧猴"，给猴群以"自由"。可是，这样做就会万事大吉吗？我个人认为这也是一种不负责的态度。现在塔城的滇金丝猴由于受到人们的特殊照顾，多年来有专人照看，几乎没有生命威胁。不过，永远"宠爱"下去亦不是长久之计，滇金丝猴还是应该在大自然中经风雨、见世面才会令其生命力更旺盛。为此，我与白马雪山自然保护区管理局多次商讨都拿不出一个合理的方案。于是，我们专门邀请中国科学院动物研究所对塔城的滇金丝猴群进行长期的野外考察研究，期望以此为基础，为给这里的猴群制定和实施具体保护管理措施提供科学依据。

经过两年系统的野外考察，我们的科研人员和当地的护猴队队员对这里的滇金丝猴群有了更深的认知。大家经过与当地保护区管理局的深入讨论，一致提出以下几点看法：

1. 继续加强对塔城的两个滇金丝猴群的跟踪巡护，并聘请品行可靠的优秀猎人担任巡护工作，以保证滇金丝猴的生命安全。

2. 加强与当地各相关村社的合作，彻底杜绝偷猎野生动物的行为。

3. 尽量不再驱赶滇金丝猴群下山以迎合各类游客的需求。

> 只有腰圆膀阔才有可能竞争上一家之长的位子。（余忠华、龙勇诚摄）

> 冬天滇金丝猴的饮水只能靠吃雪来解决。（龙勇诚摄）

4. 确信当地的偷猎行为已经绝迹时，让格花箐的全部猴群和响古箐的绝大多数（总数的90%）猴群全面恢复自由。

5. 通过食物招引方法让响古箐滇金丝猴群的部分个体（大约30只）逐渐适应人工投食，成为响古箐的"永久居民"，供游客欣赏以及为相关科学研究和人工驯养繁殖提供方便。

前四点似乎很容易得到人们的理解和支持，但第五点却一直有人持疑问甚至反对态度。可我知道，其实第五点正是让我深深挚爱的雪山精灵得以生存下来的重要手段！正是由于我们从2008年以来在响古箐确立了一个可让公众欣赏雪山精灵的展示猴群，雪山精灵的关注人数暴涨了近万倍，支持保护滇金丝猴的声音越来越大，滇金丝猴全境保护事业才有了欣欣向荣的今天。

值得一提的是：当年从响古箐猴群分出来的展示猴群有100余只个体。15年来，在响古箐护猴队的精心呵护下，到今天已经有近200只个体陆续回到了野外，展示个体的数量仅维持在40～70只。其实，仅凭这些年来展示猴群繁育出来的150多只滇金丝猴，响古箐护猴队就理应赢来公众的喝彩，更应得到国家相关管理机构的鼓励和支持！这远比靠笼养繁殖出几只个体重要得太多，因为响古箐展示猴群里繁殖出的个体，就算回到野外也根本用不着野化训练，就能适应野外生存。

> 准备睡觉了，但这样的地方一般可不好找。（龙勇诚摄）

现在，中国科学院动物研究所已经与白马雪山自然保护区合作在塔城正式成立了"中国滇金丝猴野外研究基地"。该基地的研究工作将迅速增进人类对滇金丝猴的了解，包括其生物学、行为学特征及保护需求。相信随着时间的推移，人类与"红唇一族"将逐渐消除"误会"，成为永久的朋友。我衷心地期待着这一天早日到来。

> 滇金丝猴在成年之前一直跟随母亲生活。在此期间，它也帮助母亲照料年幼的弟妹。（任宝平摄）

第九章

明天的希望

　　在过去的岁月里，面对滇金丝猴保护与研究事业的一次次困境，我曾多次摇头、叹息，更多的是"无奈"。难道"红唇一族"真的只能这样默默地退出历史舞台？难道它们那一双双美丽的"丹凤眼"永远也看不到生的希望？

一·走出象牙塔

终于有一位年轻人勇敢地站了出来，为滇金丝猴的生存向世人大声疾呼！更多的年轻人加入到他的行列，世人开始关注滇金丝猴的命运了。

1995年底，一封看似十分普通的群众来信几经"曲折"，终于摆到了国务委员宋健同志的面前。该信全文如下：

尊敬的宋健同志：

您好！

我是一名普通干部。因为热爱大自然，才扛起了摄影机。这两年主要在滇西北拍摄滇金丝猴。这里位于云南、四川、西藏以及邻邦缅甸交界的横断山脉，平均海拔3559米，夹矗在金沙江和澜沧江之间，高差达3480米，临近云南的最高山峰——海拔6740米的梅里雪山。这里地理特殊，气候迥异，遗存古老，既有以滇金丝猴为代表的珍禽异兽，也有以亚寒带高山暗针叶林为代表的森林群落，而且这一地区作为长江上游森林的一部分，它的存在，影响着长江的流量及其泥沙含量，对于下游的大型水利工程(三峡大坝和葛洲坝等)有着重要影响。同时，在一定程度上，它也攸关着下游广大地区社会经济的发展。我越深入，越喜欢这个地方，同时也为这个地方的命运担忧。虽然这里地处偏僻，山高谷深，交通险阻，人为的干扰影响在以前是局部的和有限的；但近年来，本地少数民族人口发展很快，开垦农田和牧场，砍伐森林，狩猎动物，给这个奇特而原始的地区带来了越来越大的压力。现在更令人不安的是，保护区所在县——德钦县为了解决财政上的困难，决定在白马雪山自然保护区的南侧，计划砍伐原始森林100多平方千米。目前，新修公路已逼近这片森林，开春就动手商业采伐了。看到这个情况，我忧心如焚。这片森林景观和保护区完全相同、空间上天然一体，并且实际上也是滇金丝猴分布的核心地带。据调查，这里有滇金丝猴200多只，约占全球滇金丝猴总数的五分之一；而且专家们早已急切地要求有关部门把这片森林划归保护区，以便使之得到最大限度的保护。为此我上下奔走，呼吁刀下留情，但毫无结果。地方说："我们工资都发不出了。谁想制止，谁给钱。"上面没有钱，只好听之任之；下面也就为所欲为了。

100多平方千米的原始自然林和栖息其中的一类保护动物滇金丝猴，这不是一个小事呀。人啊人，难道就如此残忍，如此自私，如此短视？！这片原始森林和林中的滇金丝猴已经生存千百万年了。千百万年没有被破坏，为什么一定要毁坏在我们手里？我这不是责备德钦县的政府和人民，这是全人类的责任。要解决经济困窘，要脱贫致富，光靠他们自己是有困难，确实需要州、省、中央甚至国际社会的援助，以及长江下游经济发达地区的帮助和支援。这个援助，也不一定是给钱。只要我们态度积极，办事认真，办法和政策还是会有的。我不相信只有"木头财政"死路一条。吃完这片林子，就剩下一个保护区了，是不是又要吃这个保护区了呢？吃完这个保护区，还吃什么呢？难道我们解决问题的办法唯有"吃祖宗饭，造子孙孽"吗？既不讲天理良心，也不管子孙后代，什么仁

> 漂亮的雌性滇金丝猴。（龙勇诚摄）

义道德、生态伦理，全不要了。我想谁也无法对这种心态承担责任，但谁也不能寻找借口逃避责任。在这严峻的现实面前，要么当机立断，要么遗憾千秋。

如何把自然保护和改善当地人民的生活有机地结合起来，成功的经验还是存在的。在非洲、南美、东南亚一些贫穷国家的个别地区，有过这样的报道。在我们国内，也有过一些虽不成熟、但还可取的经验。如果我们把地方群众的、政府的、科学家的和国际自然保护组织的力量汇集起来，认真调查和深入探讨这个问题，找出成功的经验是完全可能的。那么得益的不仅是德钦一个县，可能还有云南、广西、贵州、四川等许多类似的地区。这是刻不容缓、功德永世的大事。我希望中央关注这个问题。

随信附上中国科学院昆明动物研究所龙勇诚副研究员等所写的《滇金丝猴现状及其保护对策研究》一份。这是他们在这里做了连续 8 年的科学调查后做的一份报告，提供了翔实的情况与建议。

> 这是一片 20 年前被火烧过的高山迹地。由于高山上森林生长十分缓慢，一旦破坏便难以恢复。（龙勇诚摄）

同时附上几张滇金丝猴和它们所栖息环境的图片。看看这些可爱的动物，这是自然历史的伟大创造，是大自然的精华和骄傲，其生态意义和人类的诞生与存在是共通的。难道我们允许它们灭绝在我们的手里吗？再看看这些低纬度高海拔的原始森林，在国内是少有，在世界也是罕见的。我国每年花费巨大的人力、物力和财力去营造人工林，创造"造林面积世界第一"的神话，为什么又要为了一点眼前和局部的蝇头小利而去制造一些新的待造林地区呢？更何况这里还是长江上游水土保持的重点地区！造林当然必要，为什么不可以在造林的同时，花费较小的气力来保护这些原始自然林？我们都知道，人工林的脆弱、物种单一化、抗灾能力差，和自然原始林的生态效益、科学效益、社会效益和经济效益是无法比拟的。难道我们允许这些珍贵的自然遗产在我们手里永劫不复吗？

尊敬的宋健同志，请原谅我的措辞激昂，我实在抑制不住内心愤怒的情感和殷切的要求。现在绝望中的唯一希望是，向您——一向关注和支持生态保护的国家领导人求救，救救我们的国宝滇金丝猴！救救这片100多平方千米的原始森林！救救这世界级的自然珍贵遗产！

　　谨致
衷心的敬意！

云南省林业厅宣传处

奚志农

1995 年 12 月 8 日

奚志农是一位专职摄影师，是一位有着十分强烈的环保意识的年轻人。他个子很高，至少有一米八，虽然略显单薄，但一看就是一位合格的野外工作者。他为了拍摄滇金丝猴，不畏艰辛，在 1992—1995 年间曾多次来到我们设在白马雪山国家级自然保护区北段的崩热贡嘎滇金丝猴野外工作营地。他在那里前后总共住了100多天，其中最长的一次连续住了两个多月，终于成功地拍摄到了许多滇金丝猴生活的宝贵照片。从此，滇金丝

> 母猴正在打盹，放哨的任务交给了幼猴。（龙勇诚摄）

猴才得以有机会与社会大众见面，这道美丽的风景线才有可能展现在公众面前，引起人们的关注。

我与奚志农相识在 1990 年。当时，他住在中国科学院昆明动物研究所里，在为中央电视台"动物世界"栏目拍摄一部有关蜂猴生活的电视片。

那时，我们这些从事野外工作的科学工作者根本就没有摄影设备，也缺乏摄影基本知识。虽然我们常有机会见到各种珍稀野生动物，却无法与大众分享，因而我们的工作成果往往难以引起社会的共鸣。于是

> 滇金丝猴与人类一样，岁月的痕迹也会留在眉梢之间。（余忠华、龙勇诚摄）

我对他说:"希望你能到我们的野外基地拍摄滇金丝猴的风采,并通过电视使滇金丝猴的保护得到全社会的重视。"我俩一拍即合,他答应尽快找机会跟我一起上山去拍摄滇金丝猴的电视片。

他是言而有信的。1992年11月,他真的来到了我们刚刚建好不到一年的崩热贡嘎野外工作营地。我记得,那天他是和赵耀两人一同到崩热贡嘎的。那时,奚志农已不再是中央电视台的摄影师,他已调到云南省林业厅宣传处,所以进出白马雪山这个国家级自然保护区就更为方便了,不用专门为他办理各种繁琐的进出保护区的手续。与他同来的赵耀当时在昆明铁路学校电教科工作,现在昆明教育电视台任职,做节目策划。老赵也是个大个子,身高一米七五,与我是同龄人,都是"知青"出身,所以我们在一起很快就有了共同语言。我们这个年龄段的人,一般都上有老、下有小,有稳定的工作和比较满意的家庭,很难放下自己手中的工作而抽出时间去干自己所热爱的事业。显然老赵不一样,他绝对是一位热衷于环境保护事

> 滇金丝猴栖息地的杜鹃花。(龙勇诚摄)

业的人。当他俩扛着大型电视摄像机和庞然大物一般的三脚架经过 3 天的步行来到崩热贡嘎时，连我这个"老野外"都感到十分惊讶。好家伙！他们竟然敢带着如此笨重的大家伙来到这么偏远的地方。要下定这样的决心，还真不容易！这充分表明奚志农前来拍摄滇金丝猴的坚定信念。

事情十分不凑巧，也许是老天有意在考验奚志农的意志。那次，奚志农和赵耀与我们一道在崩热贡嘎连续住了近 3 个星期，也未能与滇金丝猴群谋面。但从那以后，奚志农就对滇金丝猴产生了一种独特的感情，把保护滇金丝猴看成是自己的神圣事业。在此后的两年中，奚志农又四度来到崩热贡嘎，总共在山上住了近百余天，才成功地拍摄到滇金丝猴的许多珍贵镜头，不但可以让世人从电视屏幕上一睹滇金丝猴的风采，而且为我们的科研工作积累了丰富的资料。1994 年 8 月，奚志农亲手拍摄的滇金丝猴录像在印度尼西亚巴厘岛举行的第十五届国际灵长类大会上引起了与会全体代表的关注和极大兴趣。

> 姐妹相依。（余忠华、龙勇诚摄）

1995 年春，我听到一个令我感到十分不安的消息：德钦县政府准备开发施坝林区，要砍伐那里近 200 平方千米的一片原始森林，以解决地方财政困难。

　　根据我的调查，施坝林区生活着一个有 200 多只个体的滇金丝猴群。如果这片原始森林被砍掉了，林中的滇金丝猴和其他许多濒危野生动植物焉能有救？我心急如焚，但却不知如何应对这一突如其来的紧急状况，于是我想到了奚志农，因为他在云南省林业厅的宣传处工作，我可以通过他把这一情况汇报到林业厅。林业厅作为云南林业用地的最高政府管理职能部门，一定能拿出一个较为可行的应对办法来。那时，奚志农在我们的崩热贡嘎滇金丝猴研究营地上已经守望了好几个月，通过与滇金丝猴的长期相处，早就对这种动物产生了浓浓的情感。在他的眼里，滇金丝猴就是世间最美的动物。当他知道施坝林区的开发将危及一个有 200 多只个体的滇金丝猴群的生存时，便不顾自己有丢掉"铁饭碗"的危险，亲手写下了前面的那封信。这封信虽然不是"字字血、声声泪"，但却充分体现出一位年轻人在为滇金丝猴讨公道时的"沸腾热血"。这封信的效果是我，甚至连奚志农本人都始料未及的。在这封信发出的前一天，我们几个好友曾聚在一起，一直聊到深夜，做了最坏的打算，并还打趣道：如果奚志农因此信而祸及自身，被打入大牢，我们几个将轮流去牢里探望他。

　　然而，整个事件的最终结果令人十分欣慰。时任国务委员的宋健同志对奚志农信中所提出的请求——"救救滇金丝猴和它们所栖息的原始森林"十分重视，当天就做出了批示，并在批示中深有感触地说："云南省林业厅奚志农同志的信大概是出于无奈而发出的最后呼喊。"他要求林业部立即着手调查和处理这一事件。于是，林业部立即组建了工作组，由云南省林业厅副厅长施纪武先生任组长，亲赴现场对这一问题进行了调查。

　　这封信也得到了民间环保组织"自然之友"的全力支持。全国政协委员、"自然之友"会长梁从诫先生发表了一篇题为《"自然之友"支持奚志农同志保护滇西北原始森林》的材料，印发给有关会员，并通过全国政协反映到各有关政府部门。当时的国家、省级管理部门的十多位领导都对此事做了重要批示。

> 只有少数的雄性滇金丝猴才能成为一家之主。作为"家长"，它必须维护家庭各成员的物质利益以及种群的繁衍。（龙勇诚摄）

科学界也表现出了积极态度，中国灵长类专家组也为此写了专题报道，登载在 1996 年第一期《灵长类研究通讯》上。

接着，《人民日报》《中国日报》《中国科技报》《中国青年报》《中国环境报》《中国林业报》，以及中央人民广播电台、北京电视台、北京人民广播电台等都相继进行了报道。

后来，由北京大学、清华大学、北京林业大学、北京师范大学、中国新闻学院、中国人民大学、北京对外经济贸易大学、北京体育大学、东北林业大学和云南大学等十几所大学的学生和研究生组成的"96 大学生绿色营"又于 1996 年暑假来到了白马雪山，再次为滇金丝猴的生存而大声疾呼！北京城内的数百名大学生自发地聚集在一起，点燃了 200 多支蜡烛，默默地为远在西南边陲原始森林中的那 200 多只滇金丝猴的生存祈祷。我从来没有想到这区区 200 多只滇金丝猴和一片原始森林会牵动着那么多人的心！会有那么多人来主动关注滇金丝猴的命运，为给它们争取生存权利而奔走！

在社会各界的呼吁下，在中央有关部委的干预下，施坝林区近200平方千米的高寒暗针叶林及其中200多只滇金丝猴终于被保护了下来。后来这个林区和其南部的另外两大林区——萨马阁林区和戈摩若林区一起，被划入了白马雪山国家级自然保护区，使其总面积由原来的1900多平方千米扩大到2800多平方千米，也令滇金丝猴家园的生态安全得到了进一步保障。

这件事对我的影响很大，这活生生的事实终于使我明白：保护事业应是全人类共同关心的事业，保护生物学的若干问题也不应该只是由我们这种埋头于科研的人把它关在"象牙塔"内来进行讨论，而应该让全社会的人都来参与。否则，我们这些科学家们的努力得不到社会的认可，也只会给自己带来终生遗憾！所以我们每一位从事保护生物学研究的科学工作者都应该走出"象牙塔"，积极参与到唤起民众环保意识的活动中去。

这一事件使我明白了一个道理：单靠个人的努力是不可能挽救濒危物种的，保护生物学的根本出路在于唤起公众的支持。

> "土中掏出来的东西好吃是好吃，但搞得我一身上下都是泥！"滇金丝猴常常会到地上觅食，具有很强的地栖性。（任宝平摄）

> 丹霞地貌亦是滇金丝猴生境中一道美丽的风景线。（龙勇诚摄）

二 · 迎接明天

前途是光明的，道路是曲折的。保护"红唇一族"需要激情，更需要脚踏实地和持之以恒的工作态度和精神，还需要全社会的关注和青睐。

金秋十月是高原风光最美的季节，夏天的滴滴甘露已把大地洗净，高耸而圣洁的雪山也终于挥去了周边层层的乌云，安然自得地接受来自四面八方人们的顶礼膜拜。当地的各族群众正在美滋滋地享受着他们自己用汗水浇灌而来的丰收果实，陶醉在仁慈的大自然怀抱之中。

40多名专家学者、政府官员、滇金丝猴分布区的各基层管理机构以及当地社区的代表们从世界各地来到迪庆高原，围坐在香格里拉观光酒店的一张圆桌旁，热烈地讨论如何拯救和保护我们心爱的滇金丝猴。

早在1998年，大自然保护协会就应云南省政府的邀请，与之一起制定和实施滇西北地区生态保护与发展行动计划。从那以后，大自然保护协会便对滇金丝猴这一主要分布在滇西北的中国特有濒危珍稀动物情有独钟，将其列入滇西北这一全球生物多样性热点地区的重要保护对象之一。

记得在1996年底，我曾产生过告别滇金丝猴的念头。通过十年的努力，我对滇金丝猴的地理分布和种群数量已基本清楚了，我个人对于这一物种的保护管理建议也写成了白纸黑字，也就是说自己该做和能做的事都已完成。余下的事情，似乎都与我无关了，也该心安理得地去做一些其他能引起自己兴趣的事情了。然而，中国环境保护事业的发展及全世界对滇金丝猴这一物种的关注又把我的心锁定在滇金丝猴身上。看来，我这一辈子都离不开"红唇一族"了。

这样，我便又活跃在滇金丝猴保护的战场上。不过，这次我所扮演的角色不再仅仅是为决策者们提供参考资料和依据，而是滇金丝猴全境保护战略的策划者。

> 雪山上漫长的寒冬总算过去了，现在又是一片春色。满山的春芽为滇金丝猴们提供了充足的食物，同时，滇金丝猴也发挥着对高大乔木修枝整容的作用，助其更加枝繁叶茂。（龙勇诚摄）

　　过去，我只是以一个咨询专家的身份出现，向一些关注滇金丝猴命运的个人或组织发表自己的看法，以供参考。而现在，我的主要任务包括：听取各方意见；策划整个滇金丝猴分布区的有效保护行动；设法筹集项目经费；动员和联合各方力量参与行动。过去，我只是提出问题；而现在，我需要制定解决问题的具体办法与措施。所以，有时我会觉得实在是有些难以胜任，但却又不得已而为之。

　　2003年的香格里拉滇金丝猴保护研讨会后，又经过近一年的努力，2004年11月，我们的滇金丝猴综合保护项目终于如愿以偿地正式启动了。该项目持续了4年，旨在协助国家林业局制定滇金丝猴跨世纪战略规划，使整个滇金丝猴分布区的各项保护活动得以有序地开展，并针对当前滇金丝猴所面临的直接威胁实施近期保护行动。

项目启动以后，大家争论最多的问题就是如何看待滇金丝猴的科学研究。许多人对此不理解，觉得现在根本就不需要进行任何研究，只需制定和组织实施具体的保护活动计划就行了。但我认为：所有的保护行动必须要有科学依据，否则所实施的保护行动就会迷失方向，成为盲动，难以收到预期的效果。我们要实施滇金丝猴的保护行动，就必须保证我们的行动是有利于滇金丝猴食、住、行等基本生存需求的。可是，迄今为止，我们对滇金丝猴群的了解仍然有限，因而很难提出完善的保护与管理方案，所以我们的保护行动往往会不知从何下手，结果就造成办几次培训班、开几个群众动员大会就草草了事。这绝不是我们大家所愿意看到的结果。保护行动应是一个系统工程，而任何系统工程都应包括三个集成——逻辑、物理空间和信息的集成。因此，我们必须加大对滇金丝猴的科研投入力度，真正了解这一物种的各种基本生存需求以及它所栖息的原始森林所面临的各种威胁因素及其空间分布格局，并提出富有针对性的解决问题的具体方案。否则，我们的一切努力都会有盲动的嫌疑，造成大量本来就十分稀缺的保护资源的流失与浪费。当然，我们亦必须加强对滇金丝猴科研工作的引导，使其研究成果能满足保护管理实践的需求，如为制定滇金丝猴

> 这只亚成年滇金丝猴在树冠中晒太阳取暖。（龙勇诚摄）

近期保护管理行动计划或某一具体地域内的管理规划乃至跨世纪战略规划提供科学依据。其实，我们在言及任何濒危物种的保护行动时都必须回答"在哪里""有多少"和"怎样才能使其得到真正保护"这三个基本问题。这也是我们滇金丝猴研究工作中的首要问题。记得我在最初涉足滇金丝猴研究时，关注的也是这三个问题。如果这三个基本问题得不到回答，许多保护工作也就只能停留在喊口号、表决心的层面上。这就像一个在进行决斗的瞎眼武士，虽然铆足了劲，却不知要向何方出击。

2008 年，项目顺利结束。我们也组织了各相关基层保护管理机构对滇金丝猴的地理分布和种群数量现状进行了彻底调查，使他们对自己所辖区域内的滇金丝猴的种群数量及其分布区域有了清晰的认识。从此，滇金丝猴保护管理工作有了更坚实的基础。

> 　滇金丝猴露出灿烂的笑容。滇金丝猴与人类一样，面部有笑肌。拍到这张照片花了 20 多年的时间。（龙勇诚摄）

> 滇金丝猴的栖息地也成为当地的重要旅游资源。（龙勇诚摄）

　　在那之后，又经过了十年的努力，滇金丝猴种群数量有了大幅增加。2018 年，我们对滇金丝猴全境的数量调查结果显示，目前我国滇金丝猴总数近 4000 只。

　　当然，栖息地的保护与生态走廊带建设问题亦不能忽视，因为这是真正实现滇金丝猴亘古永存的保障，但它需要我们付出数十年乃至百年以上的长期努力。此外，我们保护滇金丝猴的最终目标也并非仅仅保护这个物种本身，而是通过这一保护途径，使那些和滇金丝猴一起生活在这些保存尚佳的原始森林中的所有生物及整个云岭山脉的重要生态系统都能得到有效的保护。

　　目前人类社会已进入经济高速发展的时代，可持续发展理念已为决策者们所接受，滇金丝猴也必将迎来它们的"春天"。我衷心地希望这能成为滇金丝猴这一物种种群数量发展壮大的历史转机。

> 美丽的花楸果是滇金丝猴的食物之一。（龙勇诚摄）

前途是光明的，道路是曲折的，我们的目标需要数代人的共同努力方能实现。饭要一口一口地吃，路要一步一步地走。我们必须团结一心，从我做起，从现在做起，有钱出钱，有力出力，让我们迈出的每一步都落在实处，才能最终实现我们的伟大理想。我们欢迎激情，但更需要脚踏实地和持之以恒的工作态度和精神。希望通过我们的"前赴后继"，滇金丝猴这一世间最像人类的生灵能永存于天地之间。让我们满怀信心去迎接明天，我们的目标一定要达到！我们的目标一定能够达到！

APPENDIX

附录

滇金丝猴大事记

1. 1871 年，一个名叫阿尔芒·戴维德（Pere Armand David）的法国人根据传闻报道了这种当时尚未科学命名的动物的存在。

2. 1890 年，法国人索利（R.P.Soulie）和传教士彼尔特（Monseigneur Biet）在云南省德钦县组织当地猎人捕获了 7 只滇金丝猴，并将其头骨和皮张送到巴黎博物馆。

3. 1897 年，法国动物学家米尔恩·爱德华（Milne-Edwards）根据巴黎博物馆的 7 只滇金丝猴标本，首次对滇金丝猴进行了科学描述，并将其正式命名为 *Rhinopithecus bieti*。

4. 1962 年，中国科学院昆明动物研究所彭鸿绶等根据在云南省德钦县收集到 8 张滇金丝猴皮张的报道，证实了滇金丝猴的存在。

5. 1979 年，中国科学院昆明动物研究所的李致祥、马世来、土应祥等在云南省德钦县阿东后山首次实地考察滇金丝猴，并获得 3 具完整的标本。

6. 1983 年，云南白马雪山省级自然保护区成立，标志着世界上从此有了第一个以滇金丝猴为主要保护对象的自然保护区。现云南白马雪山已升级为云南白马雪山国家级自然保护区。

7. 1987 年，中国科学院昆明动物研究所白寿昌、邹如金、季维智等首次开展滇金丝猴人工驯养繁殖研究；同年，昆明动物园也随即开展滇金丝猴人工驯养繁殖研究。

8. 1992 年，西藏芒康县成立红拉山省级自然保护区，成为世界上第二个以滇金丝猴为主要保护对象的自然保护区。现红拉山自然保护区已升级为西藏芒康滇金丝猴国家级自然保护区。

9. 1994 年，中国科学院昆明动物研究所龙勇诚等完成对滇金丝猴各自然种群准确地理位置调查和种群数量初步估计的研究。

10. 1996 年，第一届"大学生绿色营"在白马雪山举办，向全社会呼吁保护滇金丝猴。

11. 1999 年，'99 世界园艺博览会在昆明举办，并把滇金丝猴作为吉祥物。

12. 2003 年，大自然保护协会（The Nature Conservancy, TNC）与保护国际（Conservation International, CI）合作，在香格里拉举行了第一次滇金丝猴全境保护研讨会。

13. 2004 年，大自然保护协会在其他国际组织的大力支持下，启动滇金丝猴全境保护项目。

14. 2005 年，滇金丝猴全境保护项目被纳入国家林业局与大自然保护协会的年度合作工作计划框架之下。

15. 2006 年，第十一届"大学生绿色营"再次奔赴白马雪山，呼吁全社会关注滇金丝猴保护问题。

16. 2007 年，国家林业局启动制定全国滇金丝猴保护行动计划；北京动物园举办滇金丝猴展示月活动。

17. 2008 年，滇金丝猴全境地理分布和种群数量第二次调查完成，表明种群个体数量约 2500 只。

18. 2009 年，滇金丝猴社区保护试点项目启动，涉及德钦县佛山乡巴美村、维西县塔城镇塔城村和玉龙县石头乡利苴村。

19. 2010 年，白马雪山响古箐滇金丝猴展示猴群正式面向公众开放。

20. 2016 年，滇金丝猴图片首次亮相《自然》杂志封面。

21. 2017 年，阿拉善 SEE 滇金丝猴保护项目启动。

22. 2018 年，阿拉善 SEE 生态协会在云南省林业厅指导下组织的滇金丝猴全境地理分布和种群数量第三次调查完成，表明种群个体数量已近 4000 只。

23. 2019 年，滇金丝猴全境保护联盟成立。

24. 2021 年，联合国《生物多样性公约》第十五次缔约方大会（COP15）发布大会主题宣传片，滇金丝猴于片中亮相。